网页艺术
设计

祝 彬 编著

清华大学出版社
北京

内容简介

本书是一本专门介绍网页艺术设计相关知识的学习工具书，全书共 7 章，主要包括艺术设计快速入门、色彩搭配与版式布局、字体与图形元素设计、创意设计和艺术基调以及典型行业设计赏析 5 个部分。本书主体内容采用了基础知识介绍＋案例鉴赏的方式讲解网页设计知识与技巧，书中提供了不同类型的网页设计案例，从不同角度讲解网页设计的技巧和注意事项。图文搭配的内容编排方式能让读者"一举两得"，不仅学习了别人的设计方法，还能够看到实际的应用效果。

本书适合作为学习网页设计、前端设计、平面设计读者的入门级教材，也可以作为大中专院校网页设计相关专业的教材或网页制作培训机构的教学用书。此外，本书还可以作为网页设计师、网站建设与开发人员、平面设计师、前端设计师及网页设计爱好者岗前培训、扩展阅读、案例培训、实战设计的参考用书。

图书在版编目 (CIP) 数据

网页艺术设计 / 祝彬编著 . —北京：清华大学出版社，2022.11 (2023.10重印)
ISBN 978-7-302-61467-8

Ⅰ . ①网… Ⅱ . ①祝… Ⅲ . ①网页—艺术—设计 Ⅳ . ① TP393.092.2

中国版本图书馆 CIP 数据核字（2022）第 136034 号

责任编辑： 李玉萍
封面设计： 王晓武
责任校对： 张彦彬
责任印制： 杨 艳

出版发行： 清华大学出版社

         网 址：http://www.tup.com.cn，http://www.wqbook.com
         地 址：北京清华大学学研大厦 A 座   邮 编：100084
         社 总 机：010-83470000   邮 购：010-62786544
         投稿与读者服务：010-62776969，c-service@tup.tsinghua.edu.cn
         质 量 反 馈：010-62772015，zhiliang@tup.tsinghua.edu.cn

印 装 者： 三河市铭诚印务有限公司
经 销： 全国新华书店
开 本： 185mm×260mm   **印 张：** 13.5   **字 数：** 216 千字
版 次： 2022 年 11 月第 1 版   **印 次：** 2023 年 10 月第 2 次印刷
定 价： 69.80 元

产品编号：090841-01

PREFACE
前言

◯ 编写原因

随着我们在网络世界的探索逐渐加深，成千上万的网站不断建立，这些网站若要吸引用户增大浏览量，恰当的网站内容选取和网页设计效果呈现是十分重要的两个因素，巨大的需求从而使网页设计成为炙手可热的行业。而一个网页设计师应该具备哪些基本技能呢？这些知识主要包括色彩运用、字体设计、结构编排等，这些技能的掌握不仅要基本的网页设计知识，更需要从其他案例作品中汲取养分，为此我们编写了本书。

◯ 本书内容

本书共7章，从艺术设计快速入门、色彩搭配与版式布局、字体与图形元素设计、创意设计和艺术基调以及典型行业设计赏析5个部分讲解了网页艺术设计的相关知识。各部分的具体内容如下所述。

部分	章节	内容
艺术设计快速入门	第1章	该部分介绍了网页艺术设计的入门知识，包括网页概念常识、基本的布局方式以及设计发展趋势等内容
色彩搭配与版式布局	第2~3章	该部分分别介绍了色彩和版式这两大设计内容，首先介绍了色彩基础知识、基础色相、配色方案和搭配技巧，然后介绍了版式的基本元素、布局形式和呈现技巧
字体与图形元素设计	第4章	该部分主要介绍了网页设计中不可忽视的两大元素——文字和图形，介绍了常见的文字设计技巧和图形设计方法。设计人员可以从本部分中得到启发
创意设计和艺术基调	第5~6章	该部分主要介绍了各种网页艺术设计的形式、设计的创意方法和设计技巧，包括修辞技巧、基本原则、特色元素和常见风格，旨在全方位提升设计人员的审美能力
典型行业设计赏析	第7章	该部分是网页艺术设计的行业赏析部分，以不同行业及领域的网页类型为基础，介绍了电商类网页设计、休闲生活类网页设计、文化艺术类网页设计以及其他类型网页的设计技巧

○ 怎么学习

内容上——实用为主，涉及面广

本书涉及网页艺术设计的不同内容，介绍了设计人员必须掌握的基本技能，包括入门知识、色彩搭配、版式布局、字体与图形元素设计、创意设计和艺术基调以及典型行业设计赏析，很多内容前后关联，互相补充，读者通过对这些内容的学习，可以使个人设计水平获得较大的提升。

○ 结构上——版块设计，案例丰富

本书特别注重版块化的编排形式，每个版块的内容均有案例配图展示，每个网页设计的案例都提供了配色信息和设计赏析内容。对大案例进行分析时，还划分了思路赏析、结构赏析、配色赏析和设计思考4个版块，以从不同角度分析该网页艺术设计的创意点。这样的版式结构能清晰地表达我们需要呈现的内容，也使读者更容易接受。

○ 视觉上——配图精美，阅读轻松

为了让读者充分认识网页设计的艺术性和前卫性，经过我们的精心挑选，无论是案例配图还是欣赏配图，都非常注重配图的美观和版式，是值得读者欣赏的设计作品，力图使读者通过精美的配图提升自己的审美情趣，学习到更多的网页设计技巧。

○ 读者对象

本书适合作为学习网页设计、前端设计、平面设计读者的入门级教材，也可以作为大中专院校网页设计相关专业的教材或网页制作培训机构的教学用书。此外，本书还可以作为网页设计师、网站建设与开发人员、平面设计师、前端设计师及网页设计爱好者岗前培训、扩展阅读、案例培训、实战设计的参考用书。

○ 本书服务

本书额外附赠了丰富的学习资源，包括配套课件、相关图书参考课件、相关软件自学视频，以及海量图片素材等。本书赠送的资源均以二维码形式提供，读者可以使用手机扫描右方的二维码下载使用。由于编者经验有限，加之时间仓促，书中难免会有疏漏和不足，恳请专家和读者不吝赐教。

编　者

CONTENTS
目录

第1章　网页艺术设计快速入门

1.1　网页艺术设计概述 2
　1.1.1　什么是网页艺术设计 3
　1.1.2　网页页面等级 3
　1.1.3　网页艺术设计原则 4
　1.1.4　网页艺术设计流程 7

1.2　了解网站基础布局 9
　1.2.1　网站Logo 10
　1.2.2　网站Banner 10
　1.2.3　导航栏 11
　1.2.4　主体内容 12
　1.2.5　标题 13
　1.2.6　页眉 13
　1.2.7　页脚 14

1.2.8　广告区 14
1.2.9　Flash 动画 15

1.3　网页艺术设计的发展趋势 16
　1.3.1　视差滚动技术 17
　1.3.2　滚动加载页面内容 17
　1.3.3　全屏图片背景 18
　1.3.4　扁平化网页设计 19

1.4　常见的网站类型 20
　1.4.1　门户网站 21
　1.4.2　电商网站 21
　1.4.3　企业网站 22
　1.4.4　个人网站 23
　1.4.5　视频网站 24

第2章　网页色彩搭配秘诀

2.1　色彩基础知识 26
　2.1.1　色相、纯度、明度 27
　2.1.2　主色、辅助色、点缀色........29
　2.1.3　邻近色、对比色 30
　2.1.4　认识色彩的混合 31

2.2　网页基础色相配色 32
　2.2.1　红色 33
　2.2.2　橙色 35
　2.2.3　黄色 37
　2.2.4　绿色 39

2.2.5　蓝色 41
2.2.6　紫色 43
2.2.7　黑、白、灰 45

2.3　常见的网页配色方案 47
2.3.1　柔和明亮 48
2.3.2　洁净爽朗 50

2.3.3　女性化风格 52

2.4　网页设计的色彩搭配技巧 54
2.4.1　冷色调搭配 55
2.4.2　暖色调搭配 57
2.4.3　网站主题色搭配 59

第3章　网页版式设计与布局

3.1　版式设计的基本元素 62
3.1.1　网页版式中的点 63
3.1.2　网页版式中的线 65
3.1.3　网页版式中的面 67

3.2　常见的网页布局形式 69
3.2.1　"国"字形布局 70
3.2.2　"T"形结构布局 72

3.2.3　封面型布局 74

3.3　网页版式设计的呈现技巧 76
3.3.1　重复与交错 77
3.3.2　节奏与韵律 79
3.3.3　对称与均衡 81
3.3.4　利用留白区域 83
3.3.5　规范对齐 85

第4章　网页字体与图形元素设计手法

4.1　网页字体元素设计 88
4.1.1　增加文字的易读性 89
4.1.2　对文字进行强调 91
4.1.3　文字颜色的多样性 93
4.1.4　外文字体花式运用 95
4.1.5　文字图形化 97

4.2　网页图形元素设计 98
4.2.1　图形的象征意义 99
4.2.2　情感渲染 101
4.2.3　夸张式图形 103
4.2.4　直观表达的图形 105
4.2.5　圆形的运用 107
4.2.6　常见的几何图形 109

第5章　网页的创意设计方法

5.1　网页修辞手法运用 112
　5.1.1　想象 113
　5.1.2　比喻 115
　5.1.3　借代 117
　5.1.4　虚实 119
　5.1.5　幽默 121

5.2　网页艺术设计常用技巧 122

5.2.1　跟随流行趋势 123
5.2.2　制造梦幻神奇 125
5.2.3　突出画面人物 127
5.2.4　大幅配图 129
5.2.5　改变视觉惯性 131
5.2.6　小中见大 133
5.2.7　少就是多 135

第6章　网页设计的艺术基调

6.1　网页设计的基本原则 138
　6.1.1　强调原则 139
　6.1.2　简约原则 141
　6.1.3　平衡原则 143
　6.1.4　对比原则 145
　6.1.5　统一原则 147

6.2　网页中的特色元素 149

6.2.1　中国风元素运用 150
6.2.2　网页动画设计 152

6.3　常见的网页设计风格 154
　6.3.1　金属风格 155
　6.3.2　无边框风格 157
　6.3.3　插画风格 159
　6.3.4　现实风格 161

第7章　典型行业网页设计赏析

7.1　电商类网页设计 164
　7.1.1　食品网站艺术设计 165
　7.1.2　珠宝饰品类网站艺术设计 ... 167
　7.1.3　鞋类网站艺术设计 169
　7.1.4　家具类商城艺术设计 171
　7.1.5　综合电商网站艺术设计 173

【深度解析】综合电商网站
　　　　　艺术设计 173

7.2　休闲生活类网页设计 176
　7.2.1　门户网站艺术设计 177
　7.2.2　旅游类网站艺术设计 179

7.2.3 婚恋交友类网站艺术设计 181

7.2.4 医疗保健类网站艺术设计 183

7.2.5 游戏类网站艺术设计 185

7.2.6 餐饮酒店类网站艺术设计 187

【深度解析】餐饮酒店类网站
　　　　　 艺术设计 187

7.3 文化艺术类网页设计 190

7.3.1 音乐类网站艺术设计 191

7.3.2 教育类网站艺术设计 193

7.3.2 新闻类网站艺术设计 195

【深度解析】新闻类网站艺术设计 195

7.4 其他类型网页设计 198

7.4.1 科技类网站艺术设计 199

7.4.2 个人类网站艺术设计 201

7.4.3 在线视频类网站艺术设计 203

【深度解析】在线视频类网站
　　　　　 艺术设计 203

第 1 章

网页艺术设计快速入门

学习目标

想要成为一名成熟的网页设计师，要对网页设计的基础知识十分了解，包括网页艺术设计的定义与原则、网页分布元素、网页艺术设计流行趋势、网站类型等，只有掌握了这些入门级的知识，才能自如地开展后续的设计工作。

赏析要点

什么是网页艺术设计
网页艺术设计原则
网站Banner
导航栏
广告区
Flash 动画
视差滚动技术
滚动加载页面内容

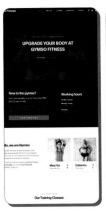

1.1 网页艺术设计概述

网页艺术设计是根据网站希望向浏览者传递的信息（包括产品、服务、理念、文化），进行网站功能策划与设计美化的工作。对网页版式、内容进行艺术化设计能够加深浏览者对网页的印象，尤其对于企业或品牌来说，精美的网页也能够提升企业形象。

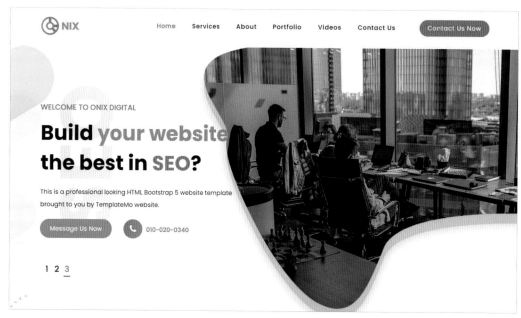

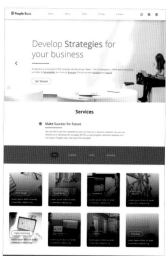

1.1.1　什么是网页艺术设计

进入网络信息时代，互联网的信息传播和交流作用越来越日常化。因此，无论是企业还是个人，都不会错过互联网这趟"车"，现在任何一家知名企业都会开通自己的社交账号并建立自己的网站，以维护与展示企业的形象，并与客户建立更加紧密的联系。但是，建立网站并不是一件简单的事。

一个网站是由若干个网页构成的，网页是用户访问网站的界面。对网站进行设计，即指对网站中的各个页面进行设计。就网页艺术设计来说，要考虑各个方面的问题，包括网页布局、选定网页构成元素、确定网页整体色调等。

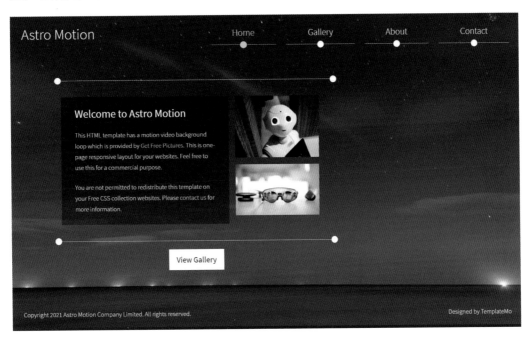

考虑到网站的本质作用和需求，企业需要通过网站呈现其产品、服务、理念、文化，所以网页设计之初就要弄清楚这些基本的问题，设计好该通过何种元素来展现企业不同的方面。

1.1.2　网页页面等级

一家网站是由多个网页组成的，可以通过按钮或超链接关联不同的内容，对于不同的网络页面，现在流行的方式是将其分为三级。

◆ **首页**：网站首页是一个网站的入口页面，能够代表公司或个人的整体形象，一般包括企业 Logo、公司名称、导航栏、Banner、图片和文本信息等内容。首页能引导用户浏览网站其他部分的内容，所以其不仅仅是门面，还具有目录性质（注：网站的首页只有一页）。

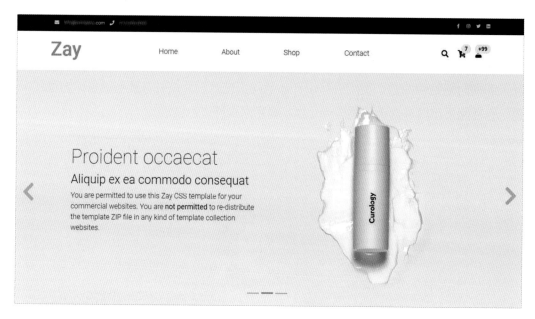

◆ **二级页面**：点击首页链接进入的页面就是二级页面。如果网站就分两级，那么二级页面也叫次级页面。

◆ **三级页面**：从二级页面点击进入的页面就是三级页面。页面层级越多，可展示的内容就越丰富。

1.1.3 网页艺术设计原则

由于网页的操作方式、表现形式和链接方式不同，网页艺术设计的基本原则也与其他信息载体不同，设计师着手设计之前要对基本设计原则了然于心，如此才不至于产生违和感。下面一起来认识基本的设计原则。

1. 主题鲜明

网页艺术设计必须具有明确的主题，只有明确了主题才能确定网页的整体风格、基本色调，才能依照主题内容展开具体的网页设计工作。

　　如餐饮企业的网站主题一般生活气息浓厚，因为企业希望通过人间烟火的氛围感塑造接地气的形象，与客户拉近距离，并推广自己的产品，那么设计师在考虑设计内容时最好将图像元素日常化，将焦点放在场景之中，而不是仅仅聚焦于食物。

　　在色调的选择上，最好以橙色、黄色等暖色调为基础，再加以润色，以让客户感觉到一种暖意。

2. 整体性

　　网页设计不能仅着眼于一面，而应注重很多个层面。设计师要提醒自己将眼界放大，明白整个网站是一个整体，而整体效果的呈现决定着设计的成败。首先，基本色调应保持统一，若首页色调为橙色，而二级页面又变成绿色，会破坏客户对企业的整体印象，产生跳脱和凌乱之感。

另外，各个页面之间的关联与逻辑关系应该连贯、合理，不要出现三级页面内容呈现在二级页面中的现象，否则就会弱化网页引导功能，增加阅读难度，也会让客户质疑企业的专业性。

3. 分割性

一般来说，整个网站的内容不会全部呈现在首页，而会逐级分类，让客户按一定的脉络浏览重点内容。所以页面会被划分为不同的版块，每个版块的设计应该同时具有整体性和分割性，既让人注意到版块内容的不同，又不破坏网站的整体形象。

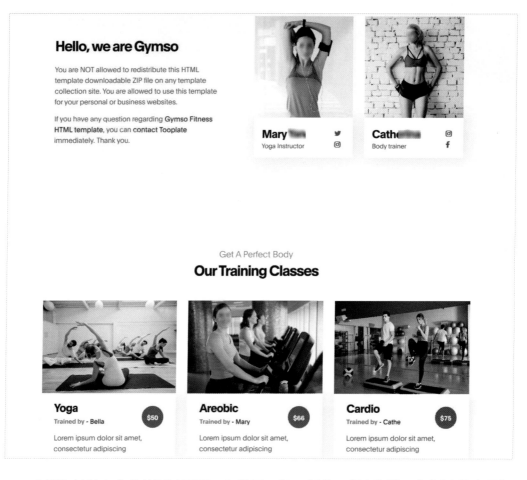

上图为某健身企业的网站页面，在首页下部，划分了很多版块，包括注册会员版块、健身教练介绍版块、健身课程介绍版块、健身课程表版块等。

为了区别不同的版块，设计师对排版方式做了细微的调整，在健身教练介绍版块采用双栏排版方式，左边是文字信息，右边是代表人物图片；而在课程介绍版块则采用三栏排版方式，按课程种类分类排列。

但是，这两个版块的整体风格没有太大的变化，主题文字都是黑体加粗，具体文字介绍都用灰色小号字体，整体具有统一性。

4. 对比性

设计作品中的对比即指各种元素之间的对比，因为只有对比才能产生视觉冲击力，才能体现设计感。这种对比包括虚实对比、主次对比、黑白对比等。如为了体现科技感，某企业网站整体色调为深蓝色，而为了凸显各链接按钮，方便浏览者点击，特意将按钮及链接文字设计为白色，干净简洁、非常醒目。

1.1.4　网页艺术设计流程

网页设计是一项"大工程"，涉及的方面较多，除了解甲方需求，做好各种准备外，设计师还应清楚大致流程，有了工作思路，才能更好地完成设计任务。下面来看看大多数设计师的工作流程。

确定主题

设计师首先要了解企业的基本信息，包括经营信息、特色产品、公司价值观、地区文化、客户人群特点等，然后根据企业要求，制订总体设计方案，即对网站整体风格、组织结构进行规划。

收集资料

要呈现相关设计效果自然需要利用一些文字信息、图形元素、动画元素或是视频元素，这些素材应该提前收集好，以免需要使用时才临时收集，不仅浪费时间，还可能不太合适。

一般来说，设计师应寻找与企业及相关行业有关的设计元素，这样的设计元素被使用的概率更大，如公司内部摄影图、公司关键人物图、产品图、产品手册等。

网站内容和栏目规划

依据主题和客户需求，设计师在开始着手策划网站的内容和栏目时，可用思维导图的方式来规划栏目内容，按照页面层级对内容进行分类，这样栏目的划分也自然而然地形成了。

版式设计

由于网页操作的特殊性，网页的版式设计也应独出心裁。设计师可以根据元素的特点，灵活发挥，可以以一张大图占据整个版面，也可以分为很小的几个模块，而且两种形式可以并存。

因为各个版块间的联系需要保证流畅，所以设计师要注意文字图形的空间组合，尽量维持版式的合理性与流畅性。

色彩运用

色彩是网页设计的组成要素之一，色彩的运用是整个设计流程中的重要步骤，设计师既要对设计有整体的把握，又要有艺术敏感度。一般应遵循和谐、均衡和重点突出的原则，将不同的色彩组合、搭配以构成美观的页面。

通过以上5个基本步骤，设计师对整体工作就有了一定的把握，不会遗漏重要的步骤，或是使工作顺序颠三倒四，浪费自己与客户的时间。

1.2 了解网站基础布局

虽然网页的布局可以根据设计师的思路有所变化，但因网页呈现方式与链接方式的特殊性，一般要求网页应具备一些基本元素：网站Logo、网站Banner、导航栏、主体内容、标题、页眉、页脚、广告区、Flash 动画等。对这些元素的位置精心设计，就构成了网页的基本布局。

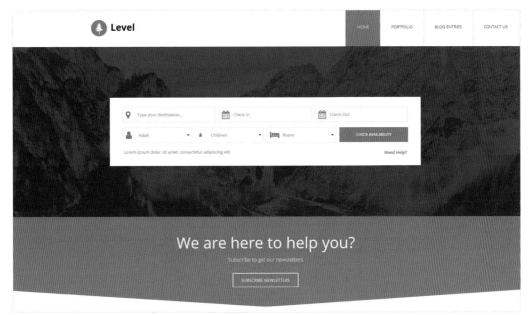

1.2.1 网站Logo

　　网站经营者为了将自己的网站与其他网站区别开来，一般会设计特殊性标志，这种标志多为网站Logo，既可以向浏览者宣传自身形象，又具有独一无二性。

　　设计师为企业设计网站时，一般无须另外设计网站Logo，直接使用企业Logo即可。当然，若企业没有Logo，可以应客户要求进行设计。而设计师应该重视Logo背后的含义，要能够代表企业文化，与网站的整体设计也要相符。这项工作有两点需要设计师格外注意。

◆　网站 Logo 可以是图形样式，也可以是文字样式，还可以图文结合。

◆　网站 Logo 的位置要醒目却不突兀，一般在头部位置。

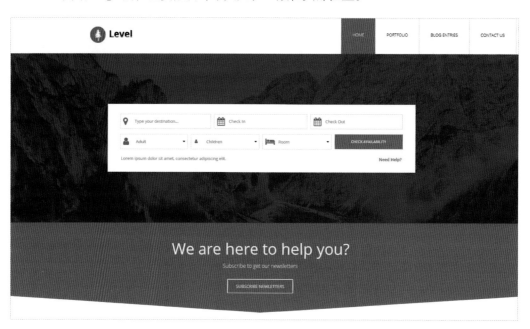

1.2.2 网站Banner

　　Banner即我们所说的横幅广告，是网络广告最早采用的形式，也是目前最常见的形式。它是横跨于网页上的矩形广告牌，当用户点击这些横幅广告时，通常可以链接到与广告相关的网页。

Banner图在电商网站中运用比较频繁，一般是使用GIF格式的图像文件，既可以使用静态图形，也可以使用SWF动画图像。设计Banner图是为了吸引消费者，所以要设计得醒目吸引人，最好将产品优势、卖点等元素加入图中，以提高点击率。

1.2.3 导航栏

导航栏是构成网页的重要元素之一，是网站频道入口的集合区域，相当于网站的菜单，可以引导浏览者点击相关内容。

导航栏的设计虽可以自成一体，但又不能与整体画面分隔开来。导航栏就像坐标一样，在版式布局上有非常重要的作用，所以设计师要首先确定导航栏的位置，一般包括顶部、左侧、右侧和底部4个区域。

另外，导航区域并不仅仅是单一区域，很多网站会设计多个导航区域，既是为了方便浏览者操作，也是为了区分导航内容。

设计师一定要明白网页是具有交互性的，不仅要美观，还要方便浏览者操作。尤其是导航栏，因其是浏览者操作的主要区域，所以更不能违背大众的操作习惯。同时，还要不断优化导航栏的设计，让浏览者能有良好的体验。

1.2.4 主体内容

　　网页主体内容就是其要展示给大众的核心内容，可以是产品信息，可以是公司简介，也可以是宣传视频——网页的主体内容往往不是单一的，而是由不同版块、不同链接、不同页面共同构成的。

　　网页主体内容一般由文字和图片或文字和视频组成。为了方便用户浏览阅读，一般是水平地从左到右或垂直地从上到下排列文字信息。当然为了突出设计感，设计师对文字及图片的排列进行独特的设计也是可以的，但要切记不能为了设计舍弃文字的表达，而应将二者结合。

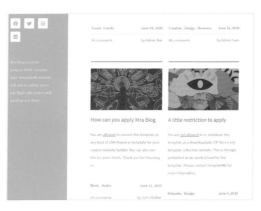

1.2.5　标题

很多网站为了吸引浏览者的眼球，会在网站首页突出显示一条标语，或是企业宣传语，或是主体内容标题，或是品牌需要客户注意的地方；而在站内不同的网页也会有关于内容的标题，这些标题就像网站主体内容的枝干，对内容有提示作用。因此，如何布局对设计师来说也非常重要。

对于标题，设计师在设计时一般应将字体颜色、字体大小、字体样式加以变化，重点将标题与其他内容区别开来，以免混在一起，模糊焦点。

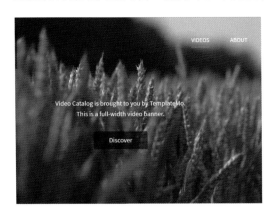 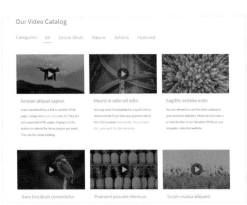

1.2.6　页眉

很多网站会在网页顶部设计一些基础内容，如联系方式、当前业务、品牌Logo等，这就是我们常说的页眉部分，属于网页额外的部分，所以可有可无，有些网页也并没有特地划分出页眉部分。

不过由于这一区域非常显眼，若想要利用起来，设计师可用滚动设计的方式尽量呈现更多内容，如显示宣传促销信息等。

1.2.7 页脚

网页页脚是每个页面的底部区域，常用于介绍网站所有者的基本信息、联络方式、版权信息、服务和关联网址，或是作为子导航使用。一般页脚内容会被设计为超链接的形式，以引导浏览者点击获取相关信息。设计页脚时要注意以下几点。

◆ 整体观感简约，与页面效果一致，不需要重点突出该部分，以免抢主体内容的风头。

◆ 实用为主，对呈现内容进行筛选，不能将无用的内容也堆上去。

◆ 页脚色调与整体色调保持一致，链接标题最好与主导航标题设计一致。

◆ 为了方便浏览者点击和了解，可以使用图形化元素，尤其是其他企业及网站的友情链接可用其本身的网站 Logo 代表。

◆ 保持页脚的干净整洁，最好不使用下划线。

Our Happy Customers

Vivamus vitae condimentum

Vestibulum condimentum, elit nec tempus suscipit, enim nibh aliquam eros, sit amet
iaculis nibh nibh at dolor. Cras imperdiet, dolor posuere dignissim dapibus, tortor arcu
pellentesque orci, et mattis libero justo semper neque.

★ ★ ★ ★ ☆

● ● ● ● ●

Useful Readings	Our Pages	Main Menu	About Real Dynamic
Laoreet eget justo	Background	Home	Ut non orci semper, semper velit sit amet,
Rhoncus volupat turpi	Our Mission	About	ornare velit. Vestibulum id ipsum et justo
Nulla euismod erat	Pricing	Gallery	bibendum ornare id sit amet arcu. Integer
Donc a laoreet ipsum	Features	Contact	placerat magna.

1.2.8 广告区

对于商业性较强的网站，如电商网站、门户网站等，可能会要求设计师预留一定的广告区域，用于推广自己的产品或展示其他信息以获得盈利。

广告区一般位于网页顶部、左右两侧和底部区域。其展现形式以图像和Flash动画为主，这样可以最大限度地吸引浏览者点击广告。当然，广告不属于网页的真正内容，可能会打破网页的整体格局。一些网页广告总是莫名弹出，或是在页面边角处呈现，显得非常低级，带给浏览者不好的观感。

所以，为了让网页的格调不受影响，设计师应该好好设计广告区，最好固定在某一区域，而不是胡乱弹出。为了布局的整体性不被打破，广告区域形状最好从页面各版块形状中选择，这样能更好地融入页面。

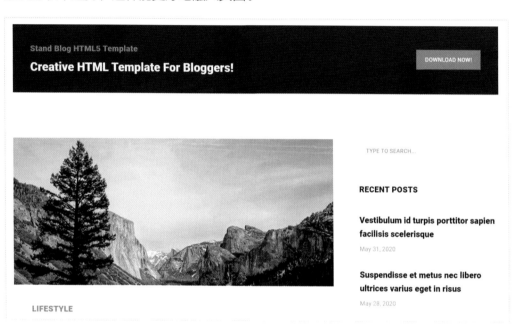

1.2.9　Flash 动画

Flash动画是页面布局的重要元素之一，由于其特殊的表现形式，可以赋予网页动态功能，使网页设计更加多样化，所以成为很多设计师选择的网页内容表现形式。通常我们会在以下情形使用Flash动画。

- ◆ 首页呈现，大版面展现。

- ◆ 文章内容中穿插，方便浏览者理解文字信息。

- ◆ 特殊图像符号展示，生动形象。

1.3 网页艺术设计的发展趋势

　　网络技术的发展也促进了艺术设计的发展，如今单一的图像+文字设计已不能满足客户的需求。为了增强企业竞争力，吸引更多的浏览者，很多企业对网页设计的要求也越来越高，网页艺术设计的发展逐渐技术化，如视差滚动技术、无限加载技术等。

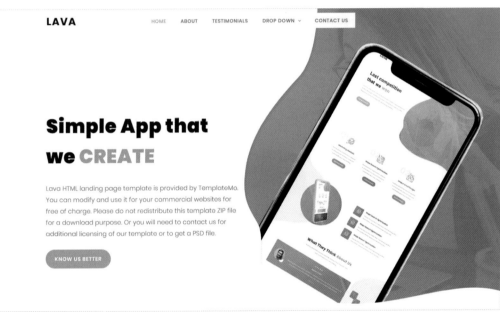

1.3.1 视差滚动技术

视差滚动是指让多层背景以不同的速度移动，以获得立体的运动效果，从而给予浏览者非常出色的视觉体验。简单来说，网页内的元素会在用户滚动屏幕时发生位置的变化，而这些元素变化的速度和形式不同，会形成错落有致的视觉效果。

如今这种技术已逐渐成为网页设计的流行趋势，很多网站都使用这一技术。想要更好地呈现视差滚动效果，设计师需要注意以下几点。

- ◆ 单页面运用更有立体感，当浏览者轻轻滑动鼠标时，相关元素便在统一区间发生变化，更能影响浏览者的心理感受。

- ◆ 要想页面中各元素独立滚动，至少需对页面分两到三层，包括背景层、内容层、贴图层。

- ◆ 不同图层的滚动速度会有差别，背景层滚动最慢，贴图层（在内容层与背景层之间）滚动较慢，内容层滚动速度与页面一致。

1.3.2 滚动加载页面内容

一家网站内承载的信息和内容一般非常丰富，而一页网页能够展示的内容是有限的，以前很多网站都是通过链接页面的方式加载不同的数据，或是分页展示同类型数据。现在滚动加载页面内容的模式很受欢迎，对于一次性不能全部加载的数据，用户可以通过滚动加载的形式进行无限加载。

无限加载可以减少用户翻页的操作，保证阅读的连贯性，所以该设计的实用性较强。当然这种设计也有相应的弊端，即无限加载数据，会造成数据太多不容易标记位置，寻找数据多有不便。

1.3.3　全屏图片背景

过去网站首页图片通常被划定在固定区域，与导航栏对齐，没有突破固定的版式限制。为了增强视觉效果，现在很多网站都用全屏大图作为背景，在其上呈现导航栏及文字信息。全屏的设计能在视觉上塑造震撼效果，且显得更高端、更有格调。由于以图片为背景，文字信息的颜色和设计要统一考量，以让背景图片和其他设计元素呈现和谐统一的效果。

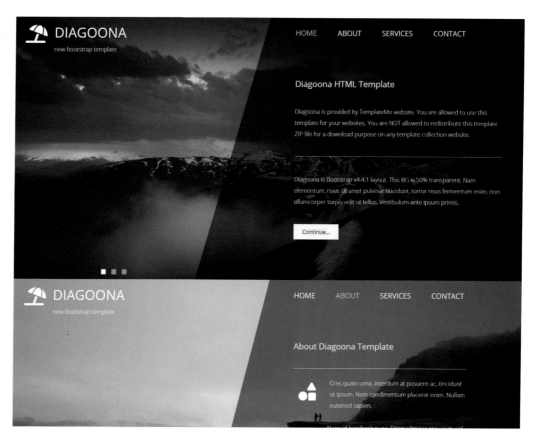

1.3.4 扁平化网页设计

在众多的网页设计作品中，扁平化设计往往能够凸显极简风格，改变了一些设计师力求华丽精致的设计理念。

扁平化设计较为看重色彩的运用，常见的扁平化设计元素如下所述。

- ◆ 多边形图形绘制，塑造具体意象。

- ◆ 用线条勾勒简单的概念图形，直观展现。

- ◆ 多种色彩组合对比，形成明显色差。

- ◆ 多宫格布局展示内容。

- ◆ 色块蒙板分隔不同内容。

- ◆ 纯色背景展示文字，简单大方。

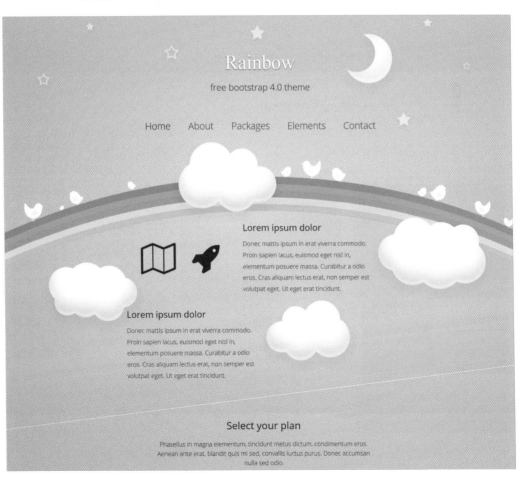

1.4 常见的网站类型

因为需求和建设目的不同，网站类型也各有不同。从事网站设计的工作人员应该对几种主流的网站类型有所了解，知道不同网站的特点，这些细节对设计工作有一定的帮助，下面让我们一起来认识一下吧。

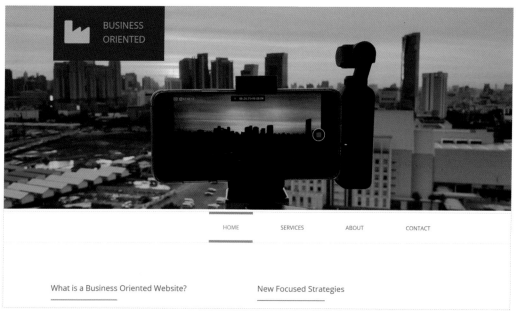

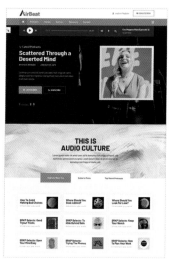

1.4.1 门户网站

门户网站是指提供某类综合性互联网信息资源并提供有关信息服务的应用系统，最初提供搜索引擎、目录服务。在全球范围内，著名的门户网站有谷歌以及雅虎，中国也有大家熟知的门户网站，如新浪、网易、搜狐、百度、凤凰网等。

常见的门户网站类型大致有3类，具体如下所述。

◆ **搜索引擎式门户网站**：主要提供强大的搜索检索和其他各种网络服务。

◆ **综合性门户网站**：主要提供各类新闻信息、娱乐资讯、招聘信息等，是一种集成式网站。

◆ **地方生活门户网站**：主要以本地资讯和服务为主，包括本地资讯、同城网购、征婚交友、求职招聘、团购、口碑商家、上网导航、生活社区等频道，还提供电子图册、地图频道、优惠券、打折信息、旅游信息、酒店信息等实用服务。

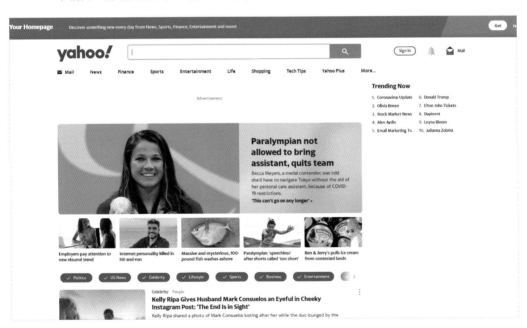

1.4.2 电商网站

电商网站就是企业、机构或者个人在互联网上建立的，用来开展电商活动的信息平台，是实施电商的交互窗口，是从事电商的一种手段。电商网站类型多样，他们面对的客户群体也各不相同，所以推广方式也有很大区别。

常见的电商网站模式有B2B、B2C、C2C等几种，其中较为知名的电商网站有淘宝、阿里巴巴、当当、京东等。电商网站的共同特点如下所述。

- ◆ 内容垂直细分。
- ◆ 产品丰富多样，满足消费者的各种需求。
- ◆ 用户有足够的自由度。

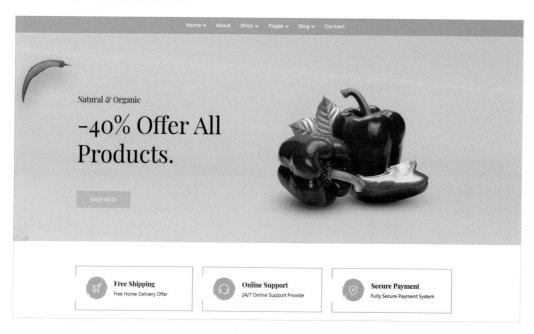

1.4.3 企业网站

企业网站是企业在互联网上进行网络营销和形象宣传的平台，相当于企业的网络名片。企业可以利用网站宣传推广、发布产品资讯、招聘人才等，许多公司都拥有自己的网站。

网站设计应注重浏览者的视觉体验，加强客户服务，完善网络业务，只有这样才能吸引更多潜在客户关注。

1.4.4 个人网站

　　个人网站是指互联网上一个固定的面向全世界发布消息的区域，个人网站由域名（也就是网站地址）、程序和网站空间构成，通常包括主页和其他具有超链接文件的页面。建立个人网站可以发布自己想要公开的资讯，或者利用网站来提供相关的网络服务。一般个人或组织建立网站的目的有个人兴趣、提供某种服务、展示自己的作品或销售商品等。

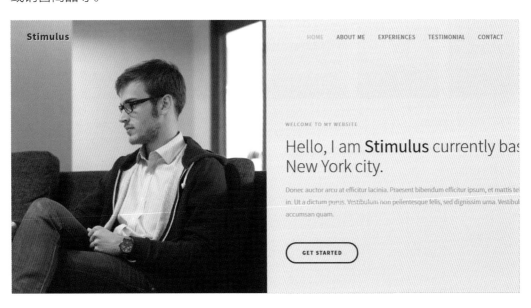

1.4.5 视频网站

视频网站是指在完善的技术平台支持下，让互联网用户在线流畅发布、浏览和分享视频作品的网络媒体。视频网站大多通过客户的版权费和广告费盈利，其特点如下所述。

- 五花八门的视频内容，需要有效分类。

- 不同的视频网站面向的客户不一样，要重点宣传的视频不同，设计上可以重点突出某一品类。

- 近年来，由于弹幕、上传视频、二创视频的兴起，视频网站与客户的互动开始增多，网站操作内容变多，设计上也应更加简化，以方便客户操作。

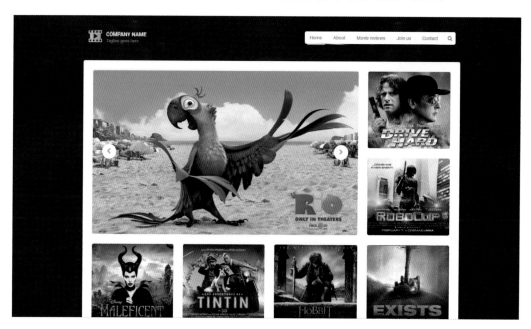

第 2 章

网页色彩搭配秘诀

学习目标

网页色彩搭配有很多技巧，但纵使其千变万化，设计师都必须首先了解色彩属性，掌握色彩规律。对于新手设计师来说，要利用色彩搭配的基本规律，丰富自己的设计经验，最终形成成熟的设计风格。

赏析要点

色相、纯度、明度
邻近色、对比色
红色
黄色
黑、白、灰
柔和明亮
女性化风格
网站主题色搭配

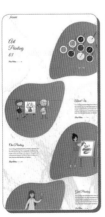

2.1 色彩基础知识

色彩搭配不仅是设计艺术，还代表着文化底蕴、人物个性与情感内涵，千变万化的色彩在不同环境中能带给我们不同的感受，越是复杂的元素其规律越有迹可循，让我们从色彩明度、饱和度开始，了解色彩的基础知识吧。

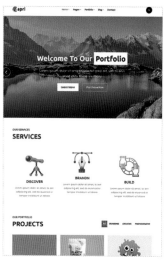

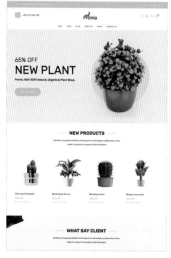

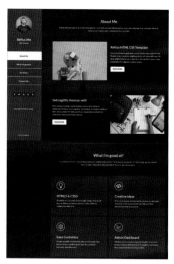

2.1.1 色相、纯度、明度

除了黑、白、灰3种无彩色系颜色外，有彩色系的颜色具有3个基本特性，即色相、纯度（也称彩度、饱和度）、明度。其具体含义如下所述。

1. 色相

色相是有彩色的最大特征，是区别各种不同色彩的最准确的标准。通俗来讲，颜色的名称就是它的色相，如玫瑰红、橘黄、柠檬黄、钴蓝、群青、翠绿等。

自然界中的色相是无限丰富的，从光学意义上讲，色相差别是由光波波长的长短造成的。即便是同一类颜色，也能分为几种色相，如黄颜色可以分为中黄、土黄、柠檬黄等。

最初的基本色相为红、橙、黄、绿、蓝、紫。在各色相中间插入一两个中间色相，按光谱顺序可形成12个基本色相，即红、橙红、黄橙、黄、黄绿、绿、绿蓝、蓝绿、蓝、蓝紫、紫、红紫。

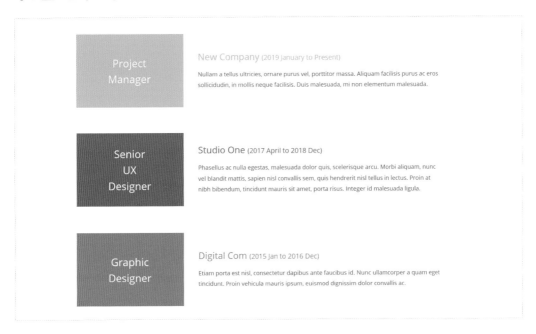

2. 纯度

色彩的纯度是指色彩的纯净程度，或者说鲜艳程度，它表示颜色中所含有色成分的比例。纯度最高的色彩是原色，随着纯度的降低，色彩就会变暗、变淡。纯度降到最低就会失去色相，变为无彩色，也就是黑色、白色和灰色。

在设计中，大都使用由两个或两个以上不同色相颜色混合的复色。根据色环的色彩排列，相邻色相混合，纯度基本不变，如红黄混合所得的橙色。对比色混合，最易降低纯度，甚至成为灰暗色彩。

Question 1

Fusce feugiat, est dignissim feugiat dapibus, arcu lacus varius dolor, vel auctor odio lectus sed diam. Ut gravida tristique lacus, sed molestie tellus faucibus non.

○ A. Pellentesque quis matus

○ B. Morbi faucibus tellus

○ C. Ut ullamcorper orci eget

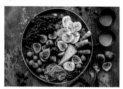

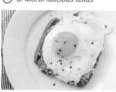

○ D. Sed nec faucibus ex

○ E. Maecenas pretium

3. 明度

明度是指色彩的明亮程度，色调相同的颜色，明暗可能不同。例如，绛红色和粉红色都含有红色，但前者暗，后者亮。色彩的明度有两种表现形式。

◆ **同一色相不同明度**：同一颜色加黑或加白以后也能产生各种不同的明暗层次。

◆ **各种颜色的不同明度**：每一种纯色都有与其相应的明度。白色明度最高，黑色明度最低，红、灰、绿、蓝为中间明度。

色彩的明度变化往往会影响到纯度，如红色加入黑色以后明度降低了，同时纯度也降低了；而红色加入白色则明度提高了，纯度却降低了。

色彩的色相、纯度和明度这3个特征是不可分割的，设计师应用时必须同时考虑。

2.1.2 主色、辅助色、点缀色

进行网页设计时，纯色设计一般占比较小，多数情况下我们会运用多种颜色进行搭配，而且不会将每种颜色平均分配，一定会出现有些颜色占比较大，有些颜色占比较小的现象。这对色彩搭配来说实属正常，根据页面颜色的占比不同，我们一般可将其分为3种类型——主色、辅助色、点缀色。

1. 主色

主色，即为整个设计的主要色彩，也是能产生最大色彩效果的颜色，它会影响浏览者对整个设计的感官印象，若是更换为别的颜色，整个页面所表达的主题就会被改变。确定主色一般有以下3种方式。

◆ 在整个画面中占比最大且纯度高的颜色可定义为主色。

◆ 在整个画面中占比相对较大（可以不是最大）且纯度高，一眼就被其吸引的颜色可定义为主色。

◆ 对于占比最大的两种颜色，一般可定义为双主色。

2. 辅助色

辅助色的页面占比仅次于主色，主要起烘托主色、支持主色、融合主色的作用。

辅助色在整个画面中应起到平衡主色的作用，以减轻色彩对观看者产生的刺激感，获得一定的视觉分散的效果。

设计师在选择辅助色时可以考虑以下3种技巧。

◆ 可在主色的同色系中选取，一是可以丰富画面，二是可保证画面的统一性。

◆ 利用明度变化减弱主色的视觉冲击力，使整个画面更加协调。

◆ 网页中占比较小但使用区域较多的元素，如按钮、图标等可用辅助色进行搭配。

3. 点缀色

点缀色就是起点缀作用的颜色。这种颜色能够在一定程度上丰富画面，其在画面中占比最小、出现次数最多，与其他颜色反差较大。点缀色可以有多个颜色，多色点缀有时能形成特殊的艺术风格。

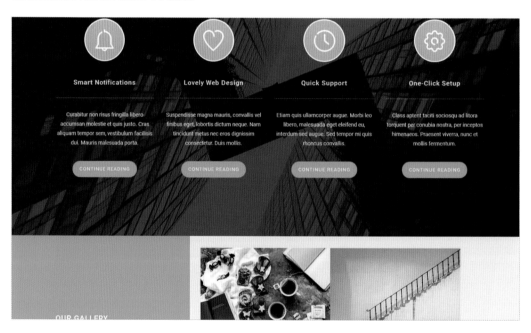

2.1.3 邻近色、对比色

根据在色相环中所处的位置，我们可将不同颜色间的关系分为邻近色和对比色。

1. 邻近色

色相环中相距60°以内，或者相隔3个位置以内的两色为邻近色关系，邻近色的色相彼此近似，冷暖性质一致、色调统一和谐、感情特性一致。如红色与黄橙色、蓝色与黄绿色等。

邻近色一般有两个范围，绿、蓝、紫的邻近色大多在冷色范围内，红、黄、橙的邻近色大多在暖色范围内。

2. 对比色

色相环中相距120°～180°的两种颜色被称为对比色。日常运用中，两种可以明显区分的色彩就叫对比色。比如红色和蓝色、紫色和黄色、橙色和青色，任何色彩和黑、白、灰都是对比色关系。

对比色的运用会让视觉效果饱满华丽，易让人产生欢乐活跃、兴奋激动的情绪。

2.1.4 认识色彩的混合

色彩混合是指在某一色彩中混入另一种色彩，两种不同的色彩混合，可获得第三种色彩。颜色混合时色彩的基本变化规律如下所述。

- 红 + 绿 = 黄
- 红 + 蓝 = 紫
- 红 + 绿 + 蓝 = 白
- 绿 + 蓝 = 青
- 青 + 品红 = 蓝
- 青 + 黄 = 绿
- 品红 + 黄 = 红
- 品红 + 黄 + 青 = 黑

三原色（红、绿、蓝）中的任一原色都不能由另外两种原色混合产生，而其他颜色可由这三种原色按一定的比例混合产生，色彩学上称这3种独立的颜色为三原色。

2.2 网页基础色相配色

通过上一节的内容，我们对色彩的属性已有所了解，明白色相能够代表一种颜色。设计师可从基本色相入手赋予设计不同的情感和文化含义。在日常生活中我们用到的基本色有红、橙、黄、绿、蓝、紫这几种。

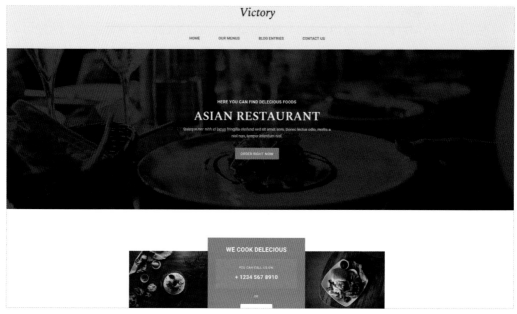

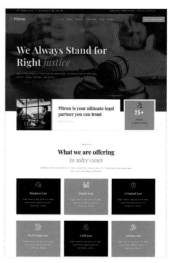

2.2.1 红色

红色是光的三原色之一,与绿色是一对强烈的对比色。它易使人联想起太阳、火焰、热血、花卉等意象,使人产生温暖、兴奋、活泼、热情、积极、豪放等情感或情绪,但有时也被认为是血腥 、暴力、危险的象征。而红色在我国历来是传统的喜庆色彩。深红会给人庄严、稳重的印象;粉红色则有柔美、甜蜜、梦幻、温雅的感觉。

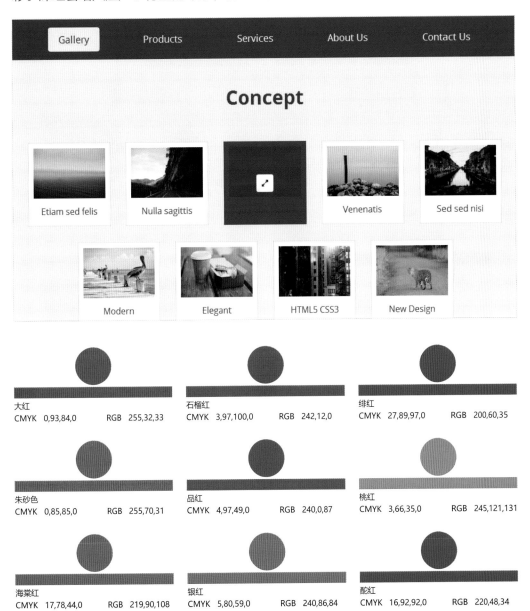

大红		
CMYK 0,93,84,0		RGB 255,32,33

石榴红
CMYK 3,97,100,0　　　　RGB 242,12,0

绯红
CMYK 27,89,97,0　　　　RGB 200,60,35

朱砂色
CMYK 0,85,85,0　　　　RGB 255,70,31

品红
CMYK 4,97,49,0　　　　RGB 240,0,87

桃红
CMYK 3,66,35,0　　　　RGB 245,121,131

海棠红
CMYK 17,78,44,0　　　　RGB 219,90,108

银红
CMYK 5,80,59,0　　　　RGB 240,86,84

酡红
CMYK 16,92,92,0　　　　RGB 220,48,34

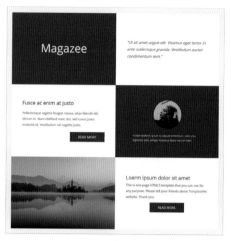

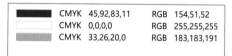

该画廊网站以玫红色为主色，象征着典雅和明快，是一种中等色调，营造出梦幻般的氛围，与画廊的气质十分相符。

	CMYK	RGB
	50,92,44,1	153,51,101
	23,17,17,0	205,205,205
	0,0,0,60	137,137,137

该杂志网页以红色为主色，采用了交替模块的布局方式，图文双向对比，红色的大气与白色的简约瞬间提升了杂志的格调。

	CMYK	RGB
	45,92,83,11	154,51,52
	0,0,0,0	255,255,255
	33,26,20,0	183,183,191

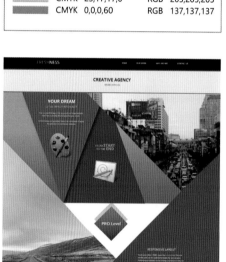

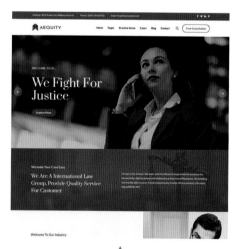

该网页设计以红色对角线划分布局，将图片展示与文字展示分隔开来，低饱和度的红色为真实的摄影图景添加了一丝古朴气息。

	CMYK	RGB
	28,62,46,0	197,122,119
	11,84,68,0	229,74,69
	37,84,69,1	179,73,73

该律师服务平台网站为了配合标语"we Fight For Justice"，用红色赋予画面一种激情和斗志，以让客户相信他们的专业品质。

	CMYK	RGB
	29,88,84,0	197,63,52
	17,91,90,0	218,52,38
	0,0,0,0	255,255,255

2.2.2 橙色

　　橙色是介于红色和黄色之间的颜色，与红色同属暖色，它容易让人联想起火焰、霞光、橙子等物象，是最温暖的色彩，能让人产生活泼、跃动、炽热、温情、甜蜜、幸福之感。

　　含灰色的橙色会变成咖啡色，含白色的橙色会成为浅橙色，橙色也是青年、儿童等消费群体比较喜爱的物品颜色。

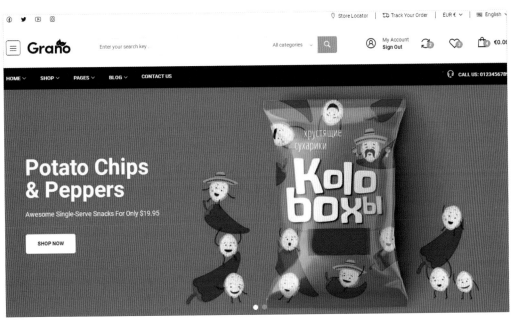

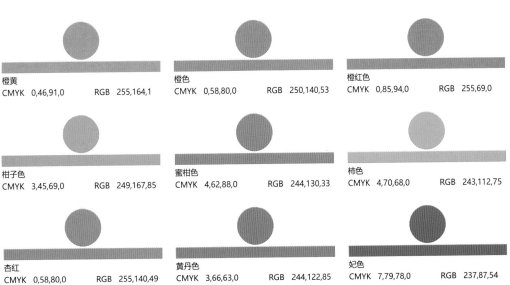

橙黄
CMYK 0,46,91,0　　　　RGB 255,164,1

橙色
CMYK 0,58,80,0　　　　RGB 250,140,53

橙红色
CMYK 0,85,94,0　　　　RGB 255,69,0

柑子色
CMYK 3,45,69,0　　　　RGB 249,167,85

蜜柑色
CMYK 4,62,88,0　　　　RGB 244,130,33

柿色
CMYK 4,70,68,0　　　　RGB 243,112,75

杏红
CMYK 0,58,80,0　　　　RGB 255,140,49

黄丹色
CMYK 3,66,63,0　　　　RGB 244,122,85

妃色
CMYK 7,79,78,0　　　　RGB 237,87,54

○ 同类赏析

该项目工作室网页为单页滚动布局，主色为橙红色，这种鲜艳明快的色调可让人联想到生活中的美好事物。

	CMYK	RGB
	12,75,73,0	228,98,66
	62,69,100,33	96,69,2
	7,7,5,0	240,238,239

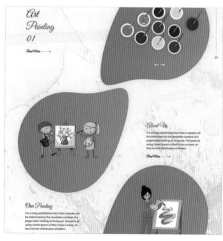

○ 同类赏析

该客户关系管理（CRM）系统网站是提供技术服务的网站，橙色的背景与白色版块结合能为整个画面增添一定的设计感，既简约又不至于单调。

	CMYK	RGB
	0,66,60,0	255,122,89
	7,3,2,0	241,245,248

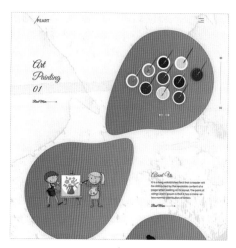

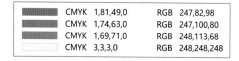
○ 同类赏析

该少儿美术创意绘画网站是面向广大家长与小朋友的网站，通过橙红色的渐变色调为孩子们搭建起有梦想充满活力的世界。

	CMYK	RGB
	1,81,49,0	247,82,98
	1,74,63,0	247,100,80
	1,69,71,0	248,113,68
	3,3,3,0	248,248,248

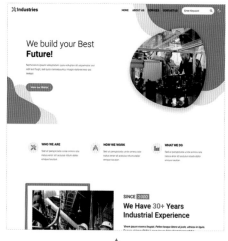

○ 同类赏析

该工程项目施工网站用橙色的图形模块、条形边框、小标志对空白的页面进行"装饰"，在细节处都显示出公司的专业性。

	CMYK	RGB
	0,79,93,0	250,88,15
	1,18,17,0	253,224,210
	0,0,0,0	255,255,255

2.2.3 黄色

黄色与熟柠檬、向日葵或菊花颜色类似，是一种温和的颜色，象征着温暖、活泼、愉快、丰收、功名、成熟等。

含白色的淡黄色平和、温柔；深黄色却另有一种高贵、庄严之感。由于黄色极易使人想起许多水果的表皮，因此在有关水果的设计中使用黄色常常能激发大众的食欲。

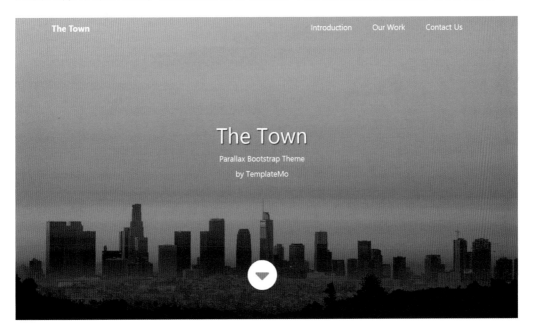

鹅黄	鸭黄	中黄
CMYK 7,3.,77,0　　RGB 254,241,67	CMYK 11,0,63,0　　RGB 250,255,113	CMYK 7,10,87,0　　RGB 254,230,0
姜黄	蒲公英色	赤金
CMYK 2,30,58,0　　RGB 255,199,116	CMYK 5,21,88,0　　RGB 255,212,1	CMYK 9,31,77,0　　RGB 242,190,70
缃色	郁金色	向日葵色
CMYK 11,28,82,0　　RGB 240,194,57	CMYK 3,36,82,0　　RGB 253,185,51	CMYK 3,31,89,0　　RGB 255,194,14

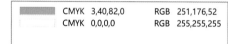

○ 同类赏析

该家具公司网站的网页设计以黄色为主色，让品牌具备了时尚、活力的特征，整个网页色泽明亮十分抓人眼球。

	CMYK 3,40,82,0	RGB 251,176,52
	CMYK 0,0,0,0	RGB 255,255,255

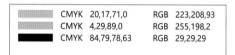

○ 同类赏析

该网页以黄色为主色，在很多地方都有意无意地使用了黄色元素，与黑色搭配，一暗一亮，反差强烈。

	CMYK 20,17,71,0	RGB 223,208,93
	CMYK 4,29,89,0	RGB 255,198,2
	CMYK 84,79,78,63	RGB 29,29,29

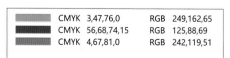

○ 同类赏析

该企业网站以黄色作为主色来展示劳动的美，夕阳余晖下工厂生产的剪影让浏览者深刻感受到一种力量。

	CMYK 3,47,76,0	RGB 249,162,65
	CMYK 56,68,74,15	RGB 125,88,69
	CMYK 4,67,81,0	RGB 242,119,51

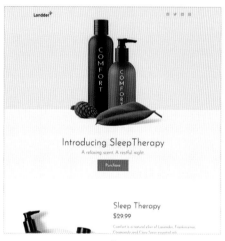

○ 同类赏析

该天然草本药物网站重点向浏览者传递天然无添加的信息，利用淡黄色塑造清雅恬淡的画面，为主打产品定下基调。

	CMYK 1,10,25,0	RGB 255,238,202
	CMYK 0,4,10,0	RGB 255,249,235
	CMYK 26,67,94,0	RGB 203,109,35
	CMYK 57,59,53,2	RGB 131,110,109

2.2.4 绿色

在大自然中，绿色随处可见，草、树等植物绝大部分都为绿色，它象征着生命、青春、和平、环保和新鲜等。

黄绿色带给人们春天的气息，颇受儿童及年轻人的喜爱；蓝绿、深绿是海洋、森林的色彩，具有灵动、开阔、睿智等含义；含灰色的绿色，如土绿、橄榄绿、咸菜绿、墨绿等色彩，给人以成熟的感觉。

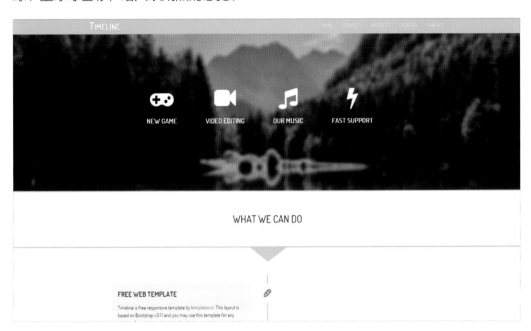

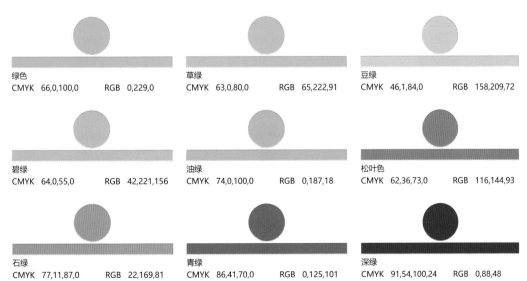

绿色
CMYK 66,0,100,0　　RGB 0,229,0

草绿
CMYK 63,0,80,0　　RGB 65,222,91

豆绿
CMYK 46,1,84,0　　RGB 158,209,72

碧绿
CMYK 64,0,55,0　　RGB 42,221,156

油绿
CMYK 74,0,100,0　　RGB 0,187,18

松叶色
CMYK 62,36,73,0　　RGB 116,144,93

石绿
CMYK 77,11,87,0　　RGB 22,169,81

青绿
CMYK 86,41,70,0　　RGB 0,125,101

深绿
CMYK 91,54,100,24　　RGB 0,88,48

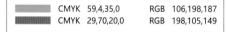

该旅游公司网站以温和、清新的碧绿色为主色，在推荐项目版块以各大洲对内容分类，用饱和度低的绿色和玫红色对比标注。

	CMYK		RGB	
	CMYK 59,4,35,0		RGB 106,198,187	
	CMYK 29,70,20,0		RGB 198,105,149	

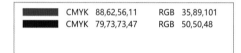

该网站以墨绿色为主色，间隔图形条块、导航栏、按钮都与主色相同，沉静低调的颜色让技术公司更显专业。

	CMYK		RGB	
	CMYK 88,62,56,11		RGB 35,89,101	
	CMYK 79,73,73,47		RGB 50,50,48	

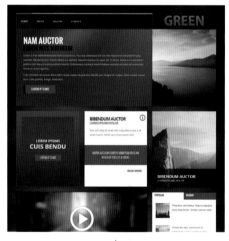

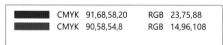

该网站整体色调为暗绿色，透着大自然的幽微，很适合展示自然风光，方块式的布局让整个页面的内容显得更加丰富多彩。

	CMYK		RGB	
	CMYK 91,68,58,20		RGB 23,75,88	
	CMYK 90,58,54,8		RGB 14,96,108	

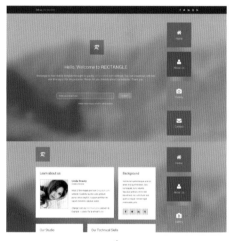

该设计工作室的网页设计为移动布局，点击右侧按钮就能滑动页面。采用浅绿色背景能反映工作室的态度——永远从容、自由。

	CMYK		RGB	
	CMYK 42,12,35,0		RGB 164,199,177	
	CMYK 83,41,77,2		RGB 31,125,89	
	CMYK 84,67,28,0		RGB 59,91,142	
	CMYK 67,27,30,0		RGB 92,159,175	

2.2.5 蓝色

与红色、橙色相反，蓝色是典型的冷色调，具有宁静、冷淡、敏捷、理智、高深、透明等象征意义。蓝色的对比色是橙色和黄色，邻近色是绿色和紫色。

蓝色种类繁多。古老的群青色，充满着动人的深邃魅力；藏青色则给人留下大度、端庄的印象。

About our company

Phasellus lacinia feugiat accumsan. Nulla tempor vel est sit amet tincidunt. Nullam eget lectus ut felis aliquam.

stinbulum ornare

am eget lectus ut felis
iam laoreet eget eu dui.
bitur in imperdiet.

Vestinbulum ornare

Nullam eget lectus ut felis
aliquam laoreet eget eu dui.
Curabitur in imperdiet.

Vestinbulum ornare

Nullam eget lectus ut felis
aliquam laoreet eget eu dui.
Curabitur in imperdiet.

Vestinbulum ornar

Nullam eget lectus ut felis
aliquam laoreet eget eu du
Curabitur in imperdiet.

蓝
CMYK 62,0,8,0   RGB 68,206,245

蔚蓝
CMYK 48,0,13,0   RGB 112,242,255

水色
CMYK 36,2,14,0   RGB 175,223,228

碧蓝
CMYK 57,0,24,0   RGB 62,237,232

琉璃色
CMYK 87,66,7,0   RGB 42,92,170

群青
CMYK 75,55,7,0   RGB 78,114,184

宝蓝
CMYK 79,66,0,0   RGB 75,92,196

花青
CMYK 100,92,41,2   RGB 1,52,115

靛蓝
CMYK 94,71,41,3   RGB 6,82,121

网
页
艺
术
设
计

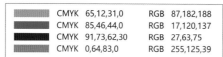

该企业网页以蔚蓝海洋为主题，右侧有一个固定的侧栏菜单，纯白色的椭圆标签与"白沙"相呼应，整体设计突出了企业勇于探索的价值观。

	CMYK	65,12,31,0	RGB	87,182,188
	CMYK	85,46,44,0	RGB	17,120,137
	CMYK	91,73,62,30	RGB	27,63,75
	CMYK	0,64,83,0	RGB	255,125,39

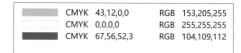

该网页布局分为两列，左侧为天蓝色版块，右侧为白色版块，完整干净的版块预留了很多设计空间。

	CMYK	43,12,0,0	RGB	153,205,255
	CMYK	0,0,0,0	RGB	255,255,255
	CMYK	67,56,52,3	RGB	104,109,112

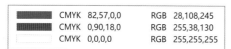

该手机App应用程序软件官网，首页以深蓝色为背景色，体现了科技感，与玫红色按钮产生视差，为画面增添了亮点。

	CMYK	82,57,0,0	RGB	28,108,245
	CMYK	0,90,18,0	RGB	255,38,130
	CMYK	0,0,0,0	RGB	255,255,255

该甜品店网页布局分为两列，左侧为主菜单，可浏览不同的内容，靛蓝色与白色的对比可以轻松地区别菜单与主体部分。

	CMYK	89,60,26,0	RGB	0,101,153
	CMYK	0,0,0,0	RGB	255,255,255

2.2.6　紫色

　　紫色属于中性偏冷色调，它是由温暖的红色和冷静的蓝色化合而成，是极佳的刺激色，具有梦幻、高贵、优美、庄重、奢华的气质，在中国传统文化中，紫色具有尊贵的含义。

　　含浅白色的淡紫色或蓝紫色，有着类似太空、宇宙色彩的优雅、梦幻。较深的紫色会给人一种神秘、诱惑的感觉，视觉冲击力极强。

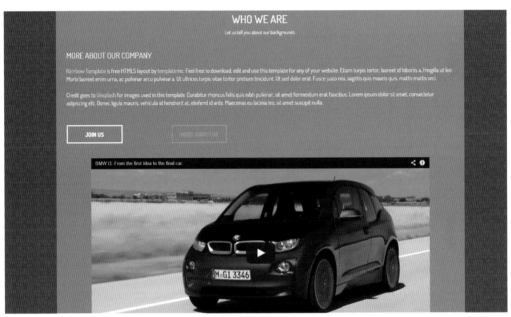

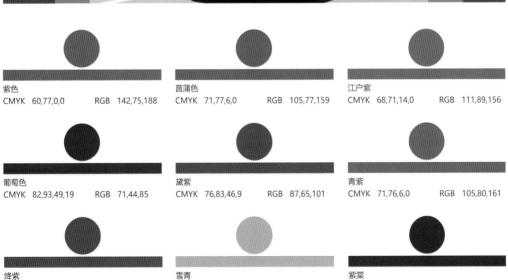

紫色	菖蒲色	江户紫
CMYK 60,77,0,0　　RGB 142,75,188	CMYK 71,77,6,0　　RGB 105,77,159	CMYK 68,71,14,0　　RGB 111,89,156
葡萄色	黛紫	青紫
CMYK 82,93,49,19　RGB 71,44,85	CMYK 76,83,46,9　RGB 87,65,101	CMYK 71,76,6,0　　RGB 105,80,161
绛紫	雪青	紫棠
CMYK 53,84,57,8　RGB 140,67,86	CMYK 38,37,0,0　　RGB 176,164,226	CMYK 78,100,54,20　RGB 86,0,79

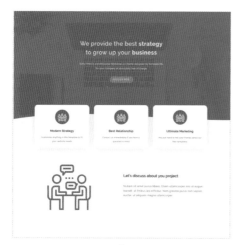

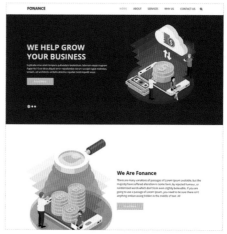

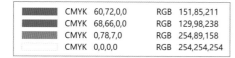

○ 同类赏析

该策划公司网站以浅紫色来塑造其品牌形象，网页大量运用了紫色元素，包括图形元素、按钮，让人感觉高端而有商务感。

	CMYK 60,72,0,0	RGB 151,85,211
	CMYK 68,66,0,0	RGB 129,98,238
	CMYK 0,78,7,0	RGB 254,89,158
	CMYK 0,0,0,0	RGB 254,254,254

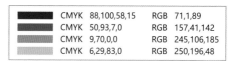

○ 同类赏析

该资产评估公司因其性质与财务有关，所以网站选择紫色与金色搭配，对比强烈，色彩饱满鲜艳，非常有视觉吸引力。

	CMYK 88,100,58,15	RGB 71,1,89
	CMYK 50,93,7,0	RGB 157,41,142
	CMYK 9,70,0,0	RGB 245,106,185
	CMYK 6,29,83,0	RGB 250,196,48

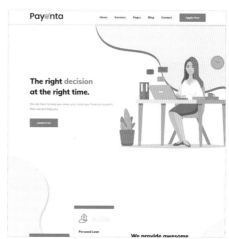

○ 同类赏析

该手机App登录网页用最大的版面展现App的主题色，炫酷多彩的紫色与紫红色结合，用以触动大众内心，让人对科技产生向往。

	CMYK 36,84,41,0	RGB 184,72,110
	CMYK 72,90,24,0	RGB 107,55,127
	CMYK 0,0,0,0	RGB 255,255,255

○ 同类赏析

该商业银行金融贷款网站采用紫色系中的各种颜色，包括浅紫色、紫红色、雪青色等，营造了生活化的氛围，让客户产生信赖感。

	CMYK 47,72,3,0	RGB 159,93,167
	CMYK 7,6,0,0	RGB 241,240,248
	CMYK 29,29,0,0	RGB 197,186,255
	CMYK 59,52,0,0	RGB 129,127,224

2.2.7 黑、白、灰

黑、白、灰属于无彩色系（中性色）。黑色为无色相无纯度之色，往往给人沉静、神秘、严肃、庄重之感，无论什么色彩与其相配，都能取得赏心悦目的良好效果，特别是鲜艳的纯色。

白色往往给人一种洁净、光明、纯真、恬静的感觉，在其衬托下，其他色彩会显得更加艳丽。灰色对其他颜色的影响很小，给人一种柔和、平稳、朴素、含蓄的高档感觉。

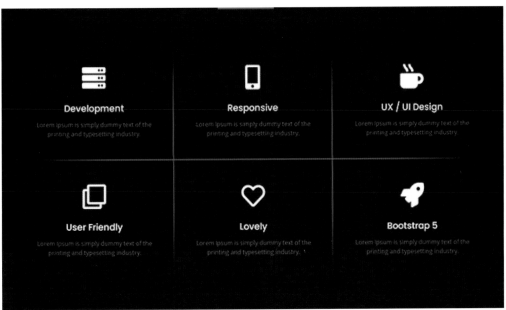

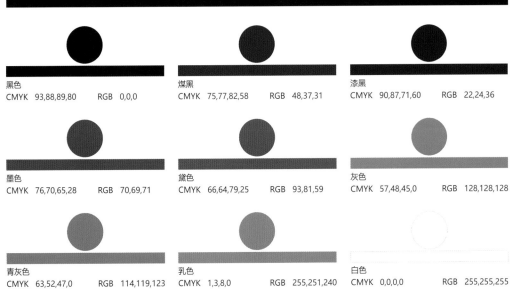

黑色
CMYK 93,88,89,80　　RGB 0,0,0

煤黑
CMYK 75,77,82,58　　RGB 48,37,31

漆黑
CMYK 90,87,71,60　　RGB 22,24,36

墨色
CMYK 76,70,65,28　　RGB 70,69,71

黛色
CMYK 66,64,79,25　　RGB 93,81,59

灰色
CMYK 57,48,45,0　　RGB 128,128,128

青灰色
CMYK 63,52,47,0　　RGB 114,119,123

乳色
CMYK 1,3,8,0　　RGB 255,251,240

白色
CMYK 0,0,0,0　　RGB 255,255,255

網
頁
藝
術
設
計

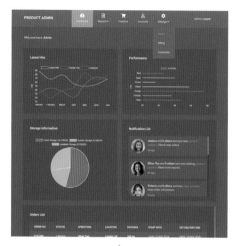

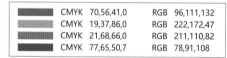

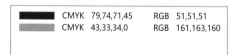

该产品管理网页以深灰色为背景色，在首页展示了产品数据的仪表板，并用各种颜色区分数据，不仅提高了阅读性，而且使数据更加直观。

该黑白视频短片直接嵌入黑色背景中，呈现出融为一体的效果，给人一种永恒的感觉，将网站的格调拉得更高。

	CMYK 70,56,41,0	RGB 96,111,132
	CMYK 19,37,86,0	RGB 222,172,47
	CMYK 21,68,66,0	RGB 211,110,82
	CMYK 77,65,50,7	RGB 78,91,108

	CMYK 79,74,71,45	RGB 51,51,51
	CMYK 43,33,34,0	RGB 161,163,160

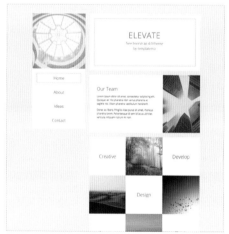

该股票分析团队的网页设计以灰色调为主，从侧面烘托出一种冷静、克制、专业的氛围，可以让客户更加放心。

该网页页面干净、简约，白色的背景色与黑色字体搭配提高了阅读性。导航栏单独排列，版块布局分明，丝毫不显杂乱。

	CMYK 85,80,61,35	RGB 47,52,68
	CMYK 76,70,67,30	RGB 68,68,68
	CMYK 91,88,82,74	RGB 9,8,14
	CMYK 0,0,0,0	RGB 255,255,255

	CMYK 0,0,0,0	RGB 255,255,255
	CMYK 6,5,5,0	RGB 242,242,242

常见的网页配色方案

网页艺术设计比起一般的平面设计来说，涉及的面和区域更广，在配色上也是如此，有的网页甚至可以有4个主色搭配的设计，而每种色彩都有其独特的气质和情感，组合搭配在一起会互相影响，呈现出设计师想要的效果。下面将常见的印象效果作为主题列举不同的搭配方式，供读者参考。

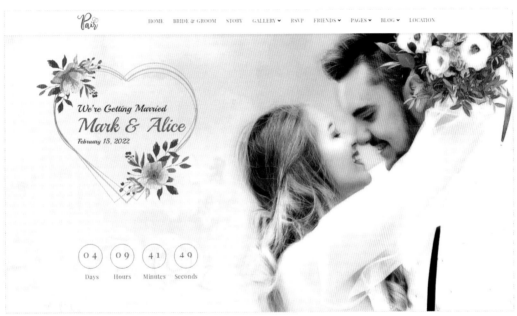

网页艺术设计

2.3.1　柔和明亮

柔和明亮是一种受大多数浏览者喜爱的色彩效果，也是设计师使用较多的色彩搭配方式，亮度高的色彩搭配在一起能烘托出柔和明亮的氛围，如果要减少视觉冲击力就将前景色的亮度调低。一般红蓝粉、粉黄紫、粉紫绿、青橙粉、紫粉蓝、橙黄青等色彩搭配在一起可获此效果。

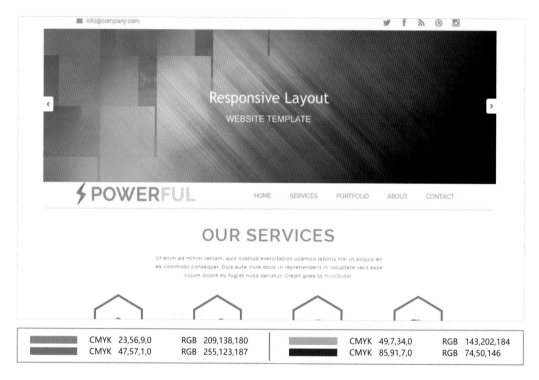

CMYK 23,56,9,0	RGB 209,138,180	CMYK 49,7,34,0	RGB 143,202,184
CMYK 47,57,1,0	RGB 255,123,187	CMYK 85,91,7,0	RGB 74,50,146

○ 思路赏析

该设计工作室向各行业提供平面设计服务，涉及的主要内容有首页展示、核心服务介绍、过往设计展示等，整个页面以白色背景搭配蓝色元素，配色干净素雅。

○ 配色赏析

首页的展示图色彩非常丰富，大致混合了碧色、紫色、粉色、紫红色，展现了色彩搭配的艺术美，暗沉的区域与明亮的区域形成对比，赋予色彩更强的表现力。

○ 设计思考

首页色彩搭配的方式并不突兀，多种颜色很好地融合在一起，且表现形式非常巧妙，粉色和紫红色就像晕染在画面底层，碧色用几何图形规律地展示在一隅，紫色像光线一样覆盖其上。

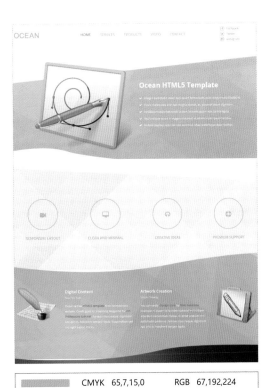

	CMYK	4,26,0,0	RGB	250,209,237
	CMYK	4,25,16,0	RGB	246,208,204
	CMYK	63,21,74,0	RGB	110,167,98
	CMYK	0,37,53,0	RGB	254,186,123

	CMYK	65,7,15,0	RGB	67,192,224
	CMYK	10,8,8,0	RGB	233,233,233
	CMYK	44,0,89,0	RGB	167,216,49

○ 同类赏析 ▲

该设计作品首页以粉色+橘色渲染出浪漫温暖的
氛围，温和的色调将画面从艳俗中解脱出来，能
与那些开朗自信、享受生活的女性产生共鸣。

○ 同类赏析 ▲

蓝色+绿色+灰色的组合增强了网页的亲和力，灰
色衬托了浅蓝和鲜绿的气质，波浪形状的设计让
画面充满律动感，对于创作行业来说十分适宜。

○ 其他欣赏 ○　　**○ 其他欣赏 ○**　　**○ 其他欣赏 ○**

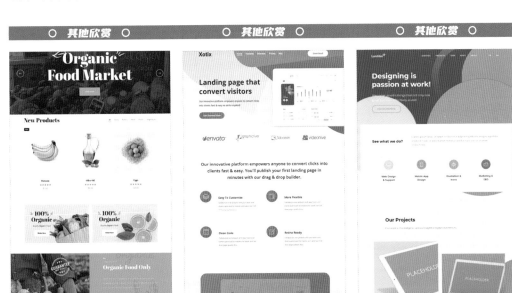

2.3.2　洁净爽朗

要想表现洁净爽朗的设计风格，选择色相环中从蓝到绿之间的颜色是最合适的。为了体现洁净感，所使用的颜色亮度最好都较高，因为暗沉的颜色会给人污浊的感觉。当然，最高亮度的白色常作为固定搭配颜色使用。一般将绿白蓝、绿蓝黄、蓝白紫等搭配在一起可获此效果。

	CMYK	32,0,10,0	RGB	176,251,254		CMYK	19,2,35,0	RGB	221,235,186
	CMYK	40,0,15,0	RGB	158,236,238		CMYK	5,1,8,0	RGB	246,249,240

○ 思路赏析

该网页布局非常简单，没有多余的图形元素，用色彩的搭配塑造出洁净爽朗的整体形象，让浏览者能够更关注企业的业务本身。

○ 配色赏析

浅蓝色和浅绿色结合的背景色为整个画面带来了清新之感，主体部分透明感十足，但又能清晰地呈现文字和图片。

○ 设计思考

设计师用特殊的水滴元素对简约的网页加以修饰，为页面增添了一丝梦幻和浪漫气息，洁净的水滴也不会让清爽的基调变得花哨。

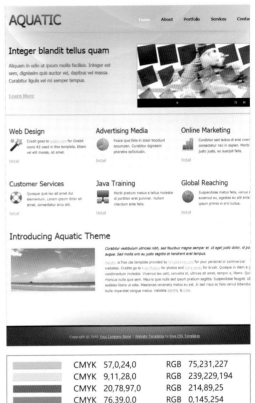

	CMYK	73,36,6,0	RGB	64,145,208
	CMYK	57,0,58,0	RGB	77,240,151
	CMYK	0,0,0,0	RGB	255,255,255
	CMYK	7,5,5,0	RGB	240,240,240

	CMYK	57,0,24,0	RGB	75,231,227
	CMYK	9,11,28,0	RGB	239,229,194
	CMYK	20,78,97,0	RGB	214,89,25
	CMYK	76,39,0,0	RGB	0,145,254

○ 同类赏析 ▲

该时尚服饰公司网站以漂亮的蓝绿色背景和简洁的布局向大众传递自身的设计理念——简单清爽，半透明的设计透露了更多的信息，展示了公司工作场景。

○ 同类赏析 ▲

该数据整理公司网站简单地将页面设计成水绿色或海蓝宝石色，再加上白色的过渡色，三种颜色结合流畅，凸显了技术公司的专注性和纯粹性。

○ 其他欣赏 ○   ○ 其他欣赏 ○   ○ 其他欣赏 ○

2.3.3 女性化风格

对于主要面向女性的网站，其配色多会维持女性化的风格，页面中常以紫色和品红色为主色，而粉红色与绿色也是常用色相，且各种颜色饱和度均较高。一般黄紫粉、橙白绿、粉蓝绿、绿白粉、粉绿紫等搭配在一起会有此效果。

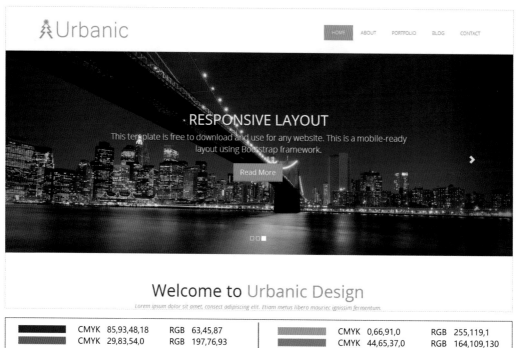

	CMYK	85,93,48,18	RGB	63,45,87		CMYK	0,66,91,0	RGB	255,119,1
	CMYK	29,83,54,0	RGB	197,76,93		CMYK	44,65,37,0	RGB	164,109,130

○ **思路赏析**

该网页以城市夜景为企业的背景色，然后对企业和产品进行精准定位，布局上采用单页布局方式，操作方便简单。

○ **配色赏析**

网页以白色为底色，主要元素为橙色，首页背景图通过紫色、粉色、红色、蓝色的搭配勾勒出柔和亮丽的灯光秀，可让人产生梦幻旖旎的美妙感受。

○ **设计思考**

以城市的璀璨夜景作为首页背景图，将企业的功能与服务融入城市生活中，能让客户感受到实用性和高级感。

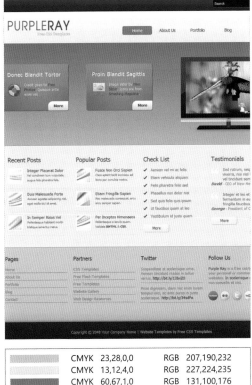

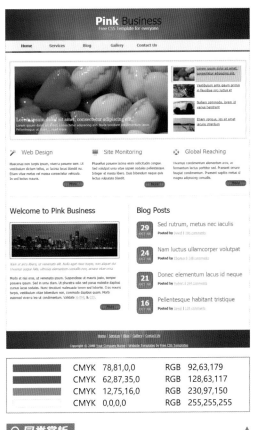

	CMYK	23,28,0,0	RGB	207,190,232
	CMYK	13,12,4,0	RGB	227,224,235
	CMYK	60,67,1,0	RGB	131,100,176
	CMYK	89,99,44,10	RGB	62,39,95

	CMYK	78,81,0,0	RGB	92,63,179
	CMYK	62,87,35,0	RGB	128,63,117
	CMYK	12,75,16,0	RGB	230,97,150
	CMYK	0,0,0,0	RGB	255,255,255

○ 同类赏析 ▲

该网站采用4列布局，将关键信息罗列其中，紫色系的搭配让整个画面温柔了许多，女性化的设计风格非常明显。

○ 同类赏析 ▲

这种日常科普网站的布局，一般都是以版块为主，按照版块来更新相关文章或资料，再通过紫色和白色的搭配让画面变得更加明亮、唯美。

○ 其他欣赏 ○

2.4 网页设计的色彩搭配技巧

在考虑网页设计的色彩搭配时，设计师不仅要顾及网站本身的特点，更要掌握基本的色彩搭配规律，了解什么是暖色调，什么是冷色调，以合理运用基本的配色方式，这样设计上就很难出现大的失误，并能在此基础上使设计能力得到进一步提升。

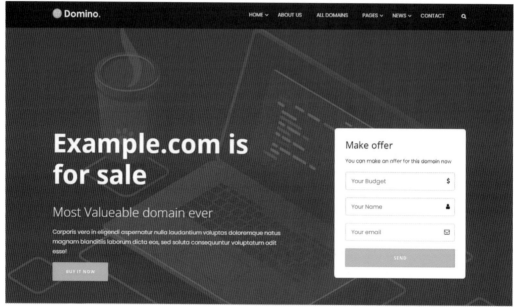

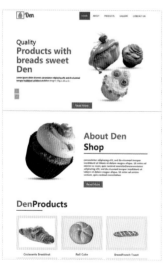

2.4.1 冷色调搭配

冷色调搭配就是将冷色系的各种颜色进行搭配，包括绿色、蓝色、紫色。对这几种色彩进行搭配可营造出安静、凉爽、开阔、通透的氛围，使人联想到高远的天空、辽阔的湖面、冬日里的冰雪。一般来说，冷色调常与白色搭配。

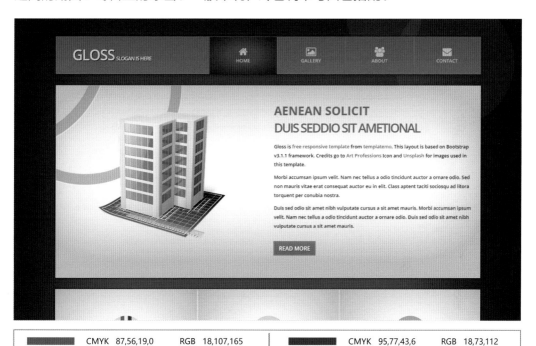

	CMYK 87,56,19,0	RGB 18,107,165		CMYK 95,77,43,6	RGB 18,73,112
	CMYK 38,16,13,0	RGB 171,198,215		CMYK 1,0,0,0	RGB 253,253,253

○ 思路赏析

该网页设计采用扁平化的设计方式，给人的整体印象简单、直接、一目了然，无论是文字还是图形信息传递都十分到位。

○ 配色赏析

为了体现公司的专业性，设计师用蓝色来表达一种冷静的画风，而通过同色系的搭配，减少了画面的单调感。

○ 设计思考

该网页的图形元素放弃了精美性和艺术性，以极简形态展示了物体的形状，文字与图形互相配合，布局精简。

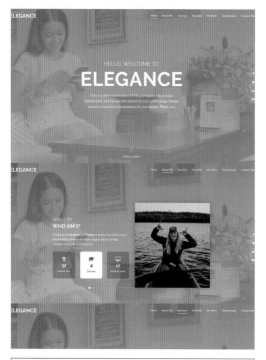

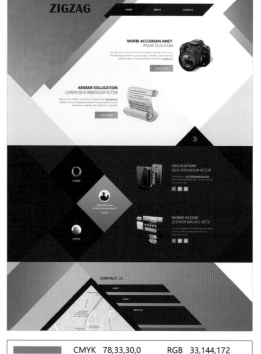

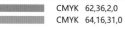

	CMYK 62,36,2,0	RGB 108,152,213
	CMYK 64,16,31,0	RGB 92,177,184

	CMYK 78,33,30,0	RGB 33,144,172
	CMYK 70,12,35,0	RGB 60,178,180
	CMYK 86,52,17,0	RGB 3,113,172
	CMYK 0,0,0,0	RGB 255,255,255

◎ 同类赏析 ▲

该个人网站的网页展示，以蓝色渐变叠加视频背景，赋予背景图优雅、自如的气质底色，然后重点展示了个人的信息。

◎ 同类赏析 ▲

该网页使用对角线背景层对网页内容进行规律又具有创意的展现，通过蓝绿色、黑色、白色的搭配营造出沉稳、干练的视觉效果。

◎ 其他欣赏 ◎　　◎ 其他欣赏 ◎　　◎ 其他欣赏 ◎

2.4.2 暖色调搭配

颜色使人在心理上产生"冷热感"。橙红、黄色、棕色以及红色等色系常能在视觉上给人一种炽热、温暖、热烈的感觉,所以将其称为暖色调。一般日用品企业、服务行业需要通过暖色调的设计给客户留下温暖亲和的印象。

| | CMYK 0,69,66,0 | RGB 255,114,77 | | CMYK 5,34,90,0 | RGB 250,187,5 |
| | CMYK 73,14,70,0 | RGB 57,168,110 | | CMYK 72,15,33,0 | RGB 46,172,181 |

○ **思路赏析**

该社交媒体营销公司的首页,以扁平化的设计使画面充满科技感,简洁的画面给人一种高效率的感觉。

○ **配色赏析**

橙色为首页底色,给人眼前一亮的鲜明感。黄色与绿色按钮以及各种鲜亮颜色的图形元素合理搭配,由于占用比例较小,所以能起到很好的点缀作用,不会喧宾夺主。

○ **设计思考**

图形元素的设计与企业服务的性质息息相关,喇叭、互联网标志、信件图形能体现网络社交的功能,简单的图形设计就能让浏览者对社交媒体有一定的了解。

	CMYK	2,81,38,0	RGB 245,81,113
	CMYK	0,0,0,0	RGB 255,255,255

	CMYK	0,63,56,0	RGB 251,130,99
	CMYK	0,32,28,0	RGB 253,197,177
	CMYK	7,12,51,0	RGB 248,228,145
	CMYK	0,0,0,0	RGB 255,255,255

○ 同类赏析 ▲

该网页选用粉红色作为主色调，容易让人联想到粉红的玫瑰花，极具浪漫情调，十分契合婚礼策划网站的氛围。

○ 同类赏析 ▲

该蛋糕制作网站用橙色与白色搭配来体现童趣、活力，黄色元素丰富了画面，卡通元素的使用也能拉近与客户的距离，增强网站吸引力。

○ 其他欣赏 ○　　　○ 其他欣赏 ○　　　○ 其他欣赏 ○

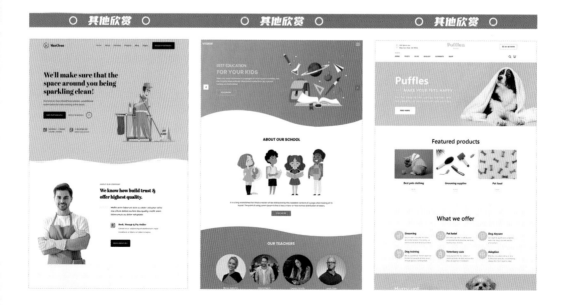

2.4.3 网站主题色搭配

对于有自己标志颜色的企业，在设计其网页时要注意运用标志性颜色，并将其作为主题色贯穿于整个网站。如淘宝的标志颜色是橙色，京东的标志颜色是红色，其网页中无论是按钮，还是导航栏，都采用统一的颜色。这样搭配能够加深浏览者的印象，对企业形象有更深层的认识。

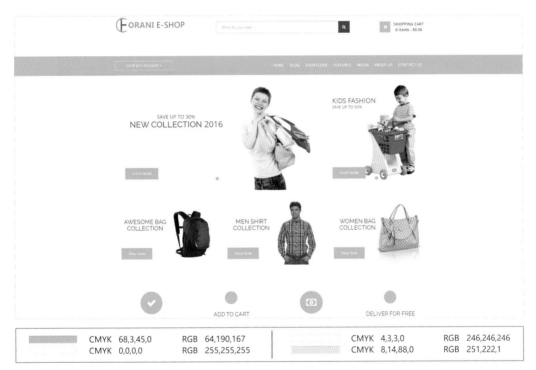

	CMYK 68,3,45,0	RGB 64,190,167		CMYK 4,3,3,0	RGB 246,246,246
	CMYK 0,0,0,0	RGB 255,255,255		CMYK 8,14,88,0	RGB 251,222,1

○ **思路赏析**

该商贸网站主要通过展示商品图片和价格信息让客户获得有关交易内容。为了保证网站的一贯性，网页的基本元素如按钮、导航、分类标志、商品展示框等都用同种颜色表达。

○ **配色赏析**

网页以碧绿色为主色，搭配白色的背景色，使人观之非常舒服自然，即使商品种类很多，也丝毫不给人杂乱的感觉。

○ **设计思考**

设计师将整个页面划分为几个版块，在首页用5个版块来推销一些热门品类，其他页面则统一用竖版形式罗列热销的商品，这样可以更加清晰地呈现商品价格。

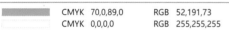

	CMYK 70,0,89,0	RGB 52,191,73
	CMYK 0,0,0,0	RGB 255,255,255

	CMYK 87,88,16,0	RGB 67,58,139
	CMYK 73,21,21,0	RGB 47,166,199
	CMYK 42,100,81,7	RGB 164,21,53
	CMYK 75,32,0,0	RGB 22,152,237

◯ 同类赏析 ▲

该轻食餐厅的网页以绿色作为主题色，体现健康食品的概念，清新的绿色元素与白色的背景搭配相得益彰，既干净又具清新感。

◯ 同类赏析 ▲

该旅行摄影工作室网站以紫色作为网页主色，导航栏、搜索按钮、标题文字、图片标签、图形元素都是紫色调，使整个画面洋溢着浓郁的艺术气息。

◯ 其他欣赏 ◯   ◯ 其他欣赏 ◯   ◯ 其他欣赏 ◯

第 3 章

网页版式设计与布局

学习目标

网页版式设计与网页整体布局、网页图文元素安排息息相关，如何通过合理的安排让网页版面看起来更舒适、自然，并让浏览者易于获得信息，需要对网页基本布局有清晰认识，还要懂得版式设计的呈现技巧。

赏析要点

网页版式中的点
网页版式中的线
网页版式中的面
"国"字形布局
封面型布局
重复与交错
节奏与韵律
对称与均衡

3.1 版式设计的基本元素

网页版式设计就是在有限的版面内，运用一些造型元素和形式规则，对图片（图形）、文字信息进行组合排列。这其中，设计师需要掌握基本元素（即点、线、面）的布局技巧。下面我们具体了解一下。

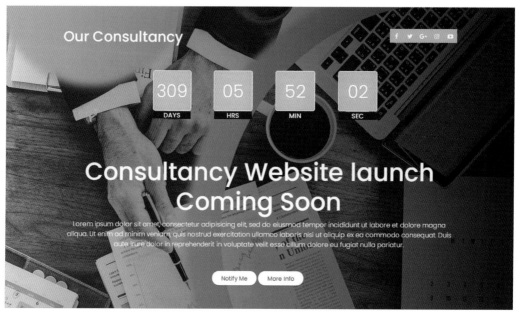

3.1.1 网页版式中的点

"点"最初是几何学中的概念，在设计概念上"点"可以是一个图标、数字、字母等。在网页版式中，点的分布形式能够为画面带来不同的美和效果：单个的点能够标记画面重点，吸引浏览者的注意力；有序排列的点能够产生律动美和规范美；自由散落的点能带来活泼之美。

Our Services

Phasellus suscipit

Lorem ipsum dolor sit amet, consectetur adipiscing elit. Sed orci enim, posuere sed tincidunt et, pellentesque eget mi.

Phasellus suscipit

Lorem ipsum dolor sit amet, consectetur adipiscing elit. Sed orci enim, posuere sed tincidunt et, pellentesque eget mi.

Phasellus suscipit

Lorem ipsum dolor sit amet, consectetur adipiscing elit. Sed orci enim, posuere sed tincidunt et, pellentesque eget mi.

Phasellus suscipit

Lorem ipsum dolor sit amet, consectetur adipiscing elit. Sed orci enim, posuere sed tincidunt et, pellentesque eget mi.

Phasellus suscipit

Lorem ipsum dolor sit amet, consectetur adipiscing elit. Sed orci enim, posuere sed tincidunt et, pellentesque eget mi.

	CMYK 2,86,76,0	RGB 244,67,54		CMYK 11,13,67,0	RGB 243,223,102
	CMYK 43,32,85,0	RGB 169,165,65		CMYK 0,0,0,0	RGB 255,255,255

○ 思路赏析

这是为某自助餐美食餐饮店设计的网页，在主页展示了经典菜品、基本服务、今日菜品、今日特价几个版块，每个版块的布局都不同，能根据展示内容的不同加以调整。

○ 结构赏析

在首页基本服务版块，设计师用几种精致的图标来代表相关服务，并在图标下方用"标题+文字"的形式进行介绍，统一按序排列的图标形成了一个整体。

○ 配色赏析

为了更加全面地展示菜品之美，设计师用白色作为背景色，看起来大气干净，使颜色鲜艳的各种菜品都能得到完美展示，并且与任何色相都能搭配，黑色文字也变得更加易读。

○ 设计思考

如果把图形标志当作一个点，这个点既能够聚焦浏览者的视线，又能充当坐标对页面进行划分，使整个画面井然有序，一目了然。左图右文的排列方式，简单直白。

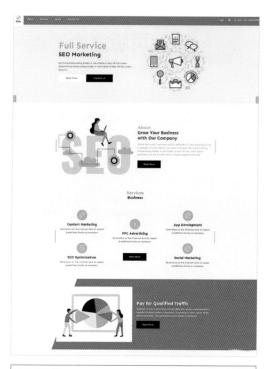

	CMYK	2,5,7,0		RGB	251,246,240
	CMYK	52,56,74,4		RGB	142,116,79
	CMYK	71,71,63,24		RGB	84,72,76
	CMYK	0,0,0,0		RGB	255,255,255

	CMYK	0,86,55,0		RGB	252,64,84
	CMYK	70,0,39,0		RGB	0,197,184
	CMYK	6,7,2,0		RGB	242,240,245
	CMYK	3,3,3,0		RGB	248,248,248

○ 同类赏析 ▲

该商业策划公司网站首页，主要向客户介绍了其
业务优势、能够提供的服务。设计师通过左右排
列的方式直接罗列出来，清楚直观。

○ 同类赏析 ▲

SEO营销网站最重要的工作就是向客户展示其
技术优势。设计师通过将技术图标围成圆形，展
示了9个技术要点，既节约空间又有规律性，视
觉体验良好。

○ **其他欣赏** ○　　　　　○ **其他欣赏** ○　　　　　○ **其他欣赏** ○

3.1.2 网页版式中的线

　　一般来说，线可分为两种类型，即直线和曲线。在网页设计中无论何种形态的线都可作为造型艺术的最基本语言。线可以勾勒物体或人物的轮廓，也可以表明物体运动的规律和动态，或是作为划分版面的工具。下面来看看线条在网页设计中的运用。

	CMYK	71,49,62,3	RGB	90,118,104		CMYK	81,61,74,26	RGB	55,81,68
	CMYK	7,30,67,0	RGB	247,195,95		CMYK	0,0,0,0	RGB	255,255,255

○ 思路赏析

该农场推广网站从各方面对农场进行介绍，以拓宽销售渠道。由于展现的信息较多，所以布局形式丰富，但作为首页开头部分，仍以简约大气的风格为主。

○ 配色赏析

整个网站的颜色搭配颇为讲究，根据品牌标志色选出一黄一绿两种颜色进行搭配，黄绿两色可以象征麦穗两个时期的颜色，且搭配在一起不会突兀。

○ 结构赏析

首页用模糊的农场背景图衬托标题文字，并用两条不规则的线区分版块，像极了蜿蜒的土地，线条与颜色结合，共同营造出农场土地的意象。

○ 设计思考

整体设计风格简约，而设计师又添加了很多细节，对线的利用既有生活感，又有艺术性。在绿色背景中点缀黄色元素，颜色比例搭配恰当适宜。

	CMYK 87,76,58,26	RGB 45,62,80
	CMYK 68,4,3,0	RGB 5,194,249
	CMYK 7,5,5,0	RGB 240,240,240
	CMYK 0,0,0,0	RGB 255,255,255

	CMYK 97,100,56,14	RGB 36,26,88
	CMYK 0,0,0,0	RGB 255,255,255
	CMYK 65,60,1,0	RGB 114,109,184
	CMYK 4,4,0,0	RGB 248,247,251

○ 同类赏析 ▲

该智能手机App营销网站，以简洁大气的布局展示出该款App的信息和功能，几条斜线将整个竖版页面分成不同的区域，赋予了网页设计感和动势。

○ 同类赏析 ▲

该多终端软件开发公司的网站，以紫色为主色，用紫色线条将首页划分为3个区域，主体区域以白色为背景色展示了基本服务、公司介绍等内容。

○ 其他欣赏 ○   ○ 其他欣赏 ○   ○ 其他欣赏 ○

3.1.3 网页版式中的面

面就是我们常说的平面，这是展示效果最全面，也是表达信息最清晰的元素，设计中"面"元素的形态是多种多样的，不仅可以满足画面的各种要求，还能起到分割的作用。

	CMYK 7,3,3,0	RGB 242,246,247		CMYK 4,13,18,0	RGB 248,229,210
	CMYK 1,38,90,0	RGB 255,180,0		CMYK 0,0,0,0	RGB 255,255,255

○ 思路赏析

该男性护肤品牌网站首页，首先展示了其各种主要产品，其次重点展示了主打产品，接着展示了使用前后的效果对比，最后就是一些产品的售卖窗口，整个页面干净自然，没有多余的图形。

○ 配色赏析

整个页面以白色为背景色，而为了增强某些内容的关注度，用浅蓝色做底，既能与白色相融，又能展示图文信息。黄色的按钮与低饱和度的蓝色搭配，视觉上给人的感觉非常舒适。

○ 结构赏析

在设计师展示产品使用前后效果对比时，将页面横向一分为二，左侧是使用后效果，右侧是使用前效果，两个长方形的平面互相对比，对内容的表达非常恰当。

○ 设计思考

设计师的整体思路是以产品和效果为主，尽量通过排版和颜色搭配让产品本身受到关注。使用效果的对比非常有创意，也非常直观，宣传性十足。

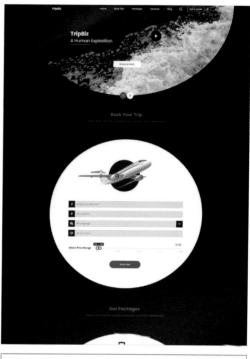

	CMYK	54,43,53,0	RGB	136,139,121
	CMYK	11,84,54,0	RGB	231,74,89
	CMYK	56,62,0,0	RGB	146,109,212
	CMYK	0,0,0,0	RGB	255,255,255

	CMYK	100,98,68,60	RGB	1,13,37
	CMYK	55,11,0,0	RGB	113,195,246
	CMYK	94,77,9,0	RGB	20,74,158
	CMYK	0,0,0,0	RGB	255,255,255

◎ 同类赏析 ▲

该民宿出租企业的网站，在首页罗列了房屋价目表供客户选择，并通过颜色间隔的方式给出了不同价位，长条形的版块清晰地展示了租赁房屋的信息。

◎ 同类赏析 ▲

该飞机航班机票预订网站采用深蓝色为背景色，与蓝天相应和，圆形的内容展示区对航班预订、行李托运等信息进行展示，可以引导客户视线。

◎ 其他欣赏 ◎　　　　◎ 其他欣赏 ◎　　　　◎ 其他欣赏 ◎

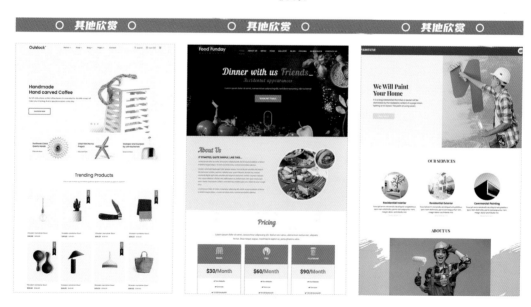

3.2 常见的网页布局形式

网页的布局就是指通过布置图片、文字、视频等内容让浏览者能够流畅地观看网页内容。网页布局设计有几种常见的结构，包括"国"字形结构、拐角形结构、封面型结构等。下面一起来了解一下。

3.2.1 "国"字形布局

　　"国"字形布局是一些大型网站所喜欢的布局方式，即页面最上方是网站的标题以及横幅广告条，往下就是网站的主要内容，左右分列一些次要内容，中间是主要部分，与左右一起罗列到底，最下面则是网站的一些基本信息、联系方式、版权声明等。这种布局是最常使用的一种布局类型。

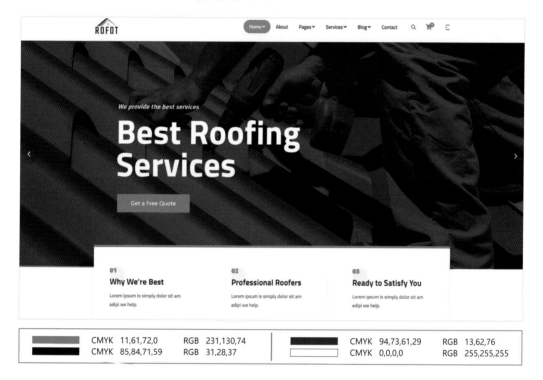

	CMYK 11,61,72,0	RGB 231,130,74		CMYK 94,73,61,29	RGB 13,62,76
	CMYK 85,84,71,59	RGB 31,28,37		CMYK 0,0,0,0	RGB 255,255,255

○ 思路赏析

这是屋顶漏水上门维修企业的网站，这种服务型企业网站，最重要的是对企业的优势和服务进行展示，所以布局和背景颜色都简洁大气，以方便对各类信息进行呈现。

○ 配色赏析

由于公司的标志颜色为橙色和黑色，所以页面中也多处用到橙色与黑色元素，以显示企业的认真与活力并存，且没有多余的颜色使页面变得花哨。

○ 结构赏析

该网站首页首先用一张维修图做背景，具有较高的说服力，接下来通过3个部分分别向客户告知企业的优势、专业人手、服务步骤，吸引客户进一步了解企业。

○ 设计思考

"国"字形布局让整个网站的呈现既大气又有细节，且不会浮夸，很适合这种技术服务型企业网站，再加上颜色的巧妙应用，页面设计很好地传递出企业信息。

	CMYK	93,88,89,80	RGB	0,0,0
	CMYK	0,96,95,0	RGB	254,1,0
	CMYK	9,7,7,0	RGB	237,237,237
	CMYK	0,0,0,0	RGB	255,255,255

	CMYK	71,37,100,0	RGB	92,138,40
	CMYK	48,17,60,0	RGB	151,185,125
	CMYK	23,0,35,0	RGB	213,242,188
	CMYK	82,59,100,36	RGB	45,74,16

◎ 同类赏析 ▲

该新闻网站以黑色、白色和红色为主色，"国"字形布局能更好地展示新闻标题，在不同的分类下，可以帮助浏览者锁定感兴趣的资讯。

◎ 同类赏析 ▲

该网站以浅绿色来呼应主题"green home"，主体部分分别介绍了企业的网络营销、社会服务、互动媒体等内容，布局简单直接。

◎ 其他欣赏 ◎   ◎ 其他欣赏 ◎   ◎ 其他欣赏 ◎

3.2.2 "T"形结构布局

　　"T"形结构布局,就是指网页上边和左边相结合,页面顶部为横条网站标志和广告条,左下方为主菜单,右面显示内容。实际使用时可以对此结构稍加调整,如左右两栏式布局,一半是正文,另一半是图片、导航。因为人的注意力主要集中在右下角,所以此处可以将主要信息最大限度地传递给浏览者,不过这种结构虽然清晰,但有时显得呆板。

	CMYK 18,93,84,0	RGB 216,48,47		CMYK 91,69,0,0	RGB 14,85,182
	CMYK 47,21,76,0	RGB 156,179,89		CMYK 0,0,0,0	RGB 255,255,255

○ 思路赏析

该体育赛事新闻网站对有关体育赛事的各种消息进行传播,包括比赛小组、新闻、赛事、名将博客等。各类信息有其适合的表现形式,需要设计师巧妙布局。

○ 配色赏析

以白色为背景色让页面显得干净大气,同时又能很好地衬托出各种颜色的队徽,红色、蓝色、黄色各种颜色都能很好地融合,不会让色彩显得杂乱。

○ 结构赏析

该网站首页采用"T"形结构布局,首先为浏览者展示了运动拼搏的宣传图,以及今日的赛事信息,然后分两侧布局,左侧为近期各项赛事和得分表,右侧为各种头条新闻。

○ 设计思考

由于赛事安排和比赛得分表这类数据,并不像其他文字信息一样可以横排、竖列展示,最好是以表格形式呈现,所以用"T"形结构布局,既清晰又节约空间。

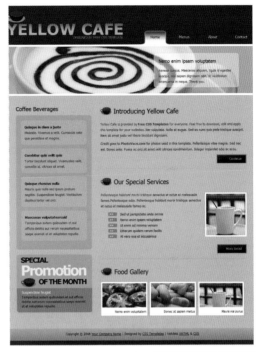

	CMYK	97,83,60,35	RGB	10,48,69
	CMYK	0,0,0,0	RGB	255,255,255
	CMYK	63,0,3,0	RGB	58,204,253

	CMYK	95,79,73,57	RGB	4,35,40
	CMYK	3,42,83,0	RGB	251,173,47
	CMYK	58,14,74,0	RGB	123,180,99

◎ 同类赏析 ▲

该网站以城市图景为主题图，下面分两列布局，分版块介绍网站相关内容，由使用深蓝色和白色对内容进行区分，一暗一亮使画面获得了强烈的对比效果。

◎ 同类赏析 ▲

该咖啡店的网站页面以黄色为主色调，向浏览者传递了店铺田园式的、明媚的整体风格。以咖啡作为页面主图能够在一定程度上吸引浏览者关注。

◎ 其他欣赏 ◎　　◎ 其他欣赏 ◎　　◎ 其他欣赏 ◎

3.2.3 封面型布局

封面型布局是多数网站采用的首页布局方式。采用这种布局方式，设计师只需结合精美的平面设计与动画元素，再放上几个简单的链接或仅仅一个"进入"的链接，甚至直接在首页的图片上做链接而不做任何提示。这种类型的布局大多用于企业网站和个人主页，会给人一种现代感和高端感。

| | CMYK 49,78,74,13 | RGB 141,74,65 | | CMYK 6,34,87,0 | RGB 249,186,31 |
| | CMYK 26,18,24,0 | RGB 199,202,193 | | CMYK 0,0,0,0 | RGB 255,255,255 |

○ **思路赏析**

图片在线云存储网站是一个服务型网站，所以设计师在设计时以简洁为主，目的是提高操作性。首页由一个封面来表示，几张主图动态更换。

○ **结构赏析**

页面布局简单，只有一张封面图，最上方留出空白的条状空间，右侧呈现一个黄色的按钮，点击就能进入相应区域。

○ **配色赏析**

由于企业的标志颜色为黄色，所以加入了黄色元素，几乎所有页面空间都由图片占据。为减轻色彩搭配对设计师的困扰，一般选择标准的风景照保持格调即可。

○ **设计思考**

网站服务与图片存储有关，设计师用封面型布局可谓恰到好处，将导航与链接全部缩略在一个按钮中，精简到极致，对客户来说也是一种放松。

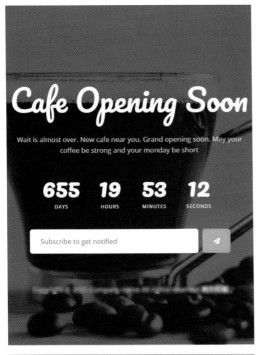

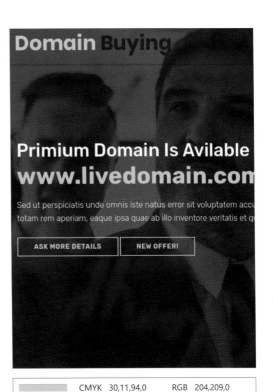

	CMYK	0,52,91,0	RGB	255,152,0
	CMYK	78,78,75,55	RGB	46,39,39
	CMYK	0,0,0,0	RGB	255,255,255

	CMYK	30,11,94,0	RGB	204,209,0
	CMYK	86,78,79,63	RGB	25,31,29
	CMYK	0,0,0,0	RGB	255,255,255

○ **同类赏析** ▲

该咖啡馆即将开业，所以以咖啡和咖啡豆为元素制作背景图，在其网站页面展示了开业倒计时时间表。右上角留下黄色的联系按钮，既简洁又直白。

○ **同类赏析** ▲

该域名在线销售网站以图片为背景，向客户提供了两个链接按钮，通过点击就能进入详细页面和买卖页面，首页只展示了重点信息。

○ **其他欣赏** ○ ○ **其他欣赏** ○ ○ **其他欣赏** ○

3.3 网页版式设计的呈现技巧

　　对于一些现代化的企业来说，其对网站的要求可能不只是起宣传作用，还希望网站呈现出一定的艺术性，而合理的网页版式设计能从一定层面达到这一目的，当然设计师要掌握基础的排版技巧，让页面各元素呈现艺术美。

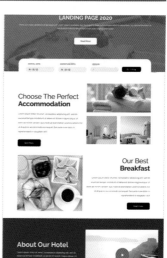

3.3.1 重复与交错

　　在设计网页版式时，可以对某些元素（图形或线）重复使用，让页面表现出一定的安定、整齐和规律性，还可通过将各种设计元素交错重叠，以消除画面的呆板和平淡感，让页面产生一些趣味化的变化，在需要表现灵活的时候表现灵活。

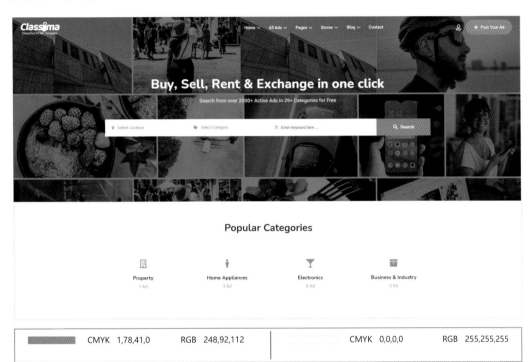

	CMYK 1,78,41,0	RGB 248,92,112		CMYK 0,0,0,0	RGB 255,255,255

○ 思路赏析

该分类商店平台网站正如其标语所说，"买卖、租借、以物易物都在一键内搞定"，这样的网站就是要向客户展示其多样性，所以在布局上要体现丰富的特征。

○ 结构赏析

与其他网站不同，该网站在首页开头部分并未通过一张大图来做背景，而用一张张小图拼凑出背景，有种鳞次栉比的感觉，循环展示能涵盖网站内的很多内容。

○ 配色赏析

网站的主体色调是玫红色，按钮、图标、价码等都运用了玫红元素，贯穿于整个网站，给人一种青春美好的感受。对丰富的背景元素进行亮度处理，能够不显突兀。

○ 设计思考

设计师对图片元素的运用技巧非常熟悉，通过对图片元素的有序排列，让画面展现了一种重复的美，且在颜色搭配上也遵循了整体简洁大气的原则。

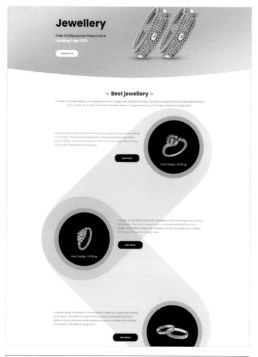

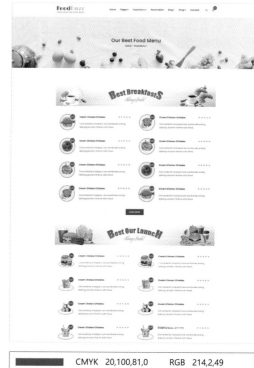

	CMYK	11,26,64,0	RGB	239,200,106
	CMYK	92,88,88,79	RGB	3,0,0
	CMYK	9,7,7,0	RGB	235,235,235

	CMYK	20,100,81,0	RGB	214,2,49
	CMYK	3,10,22,0	RGB	251,236,207
	CMYK	0,0,0,0	RGB	255,255,255

○ **同类赏析** ▲

该黄金首饰企业网站，为了让消费者领略到黄金的美，多是成对展示饰品，并在布局上巧妙构思，3款饰品呈现出一个三角形，互有交叠。

○ **同类赏析** ▲

该餐饮店铺外卖网站的菜单网页，对店内早中晚的菜单进行展示，采用整齐划一的布局对餐品进行排列，获得了一种重复的统一美。

○ **其他欣赏** ○　　　○ **其他欣赏** ○　　　○ **其他欣赏** ○

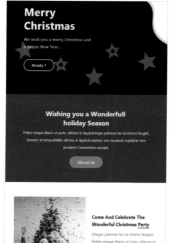

3.3.2 节奏与韵律

节奏和韵律都是从音乐中产生的一种艺术美，节奏是连续且有规律的重复，并具有一定的变化性。网页构成元素在页面中有节奏地呈现会为画面带来唯美的律动感，且能表达某种情感，为画面增添艺术意趣。

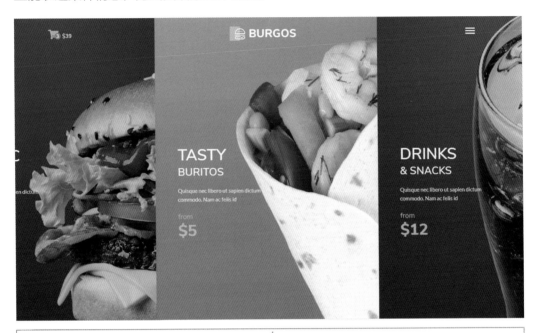

	CMYK	96,79,43,6	RGB	16,69,110		CMYK	23,49,86,0	RGB	210,146,50
	CMYK	88,75,56,23	RGB	42,65,84		CMYK	63,34,100,0	RGB	116,147,1

○ 思路赏析

该快餐外卖网站不仅要为客户提供下单的页面和渠道，还要宣传店内的新品，并提高销售量，所以对各种快餐食品的展示自然精美。

○ 结构赏析

首页采用封面型布局，将三款热销美食进行展示。为了体现各自的特色，设计师将页面分为3个部分，鼠标点击到哪个菜品哪个菜品就会弹出。

○ 配色赏析

每个菜品的背景色都不一样，分别是蓝、黄、深蓝。除了冷暖色调的反差对比外，饱满的背景色更好地勾勒了食物的轮廓，让食材变得更"好吃"。

○ 设计思考

当鼠标横扫过页面的时候，页面会像海浪一样动起来，这种动画设计，让页面产生了一定的韵律感，充分利用了三分布局方式，为画面增添了趣味性。

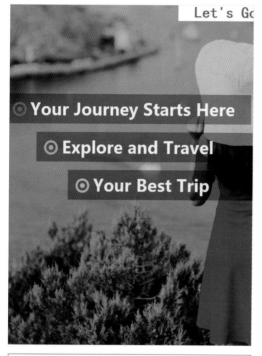

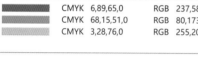

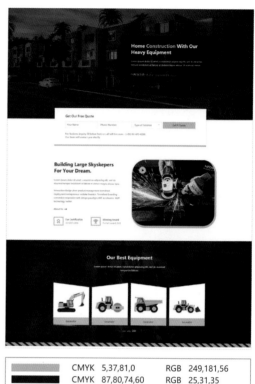

	CMYK	6,89,65,0	RGB	237,58,70
	CMYK	68,15,51,0	RGB	80,173,147
	CMYK	3,28,76,0	RGB	255,200,69

	CMYK	5,37,81,0	RGB	249,181,56
	CMYK	87,80,74,60	RGB	25,31,35
	CMYK	0,0,0,0	RGB	255,255,255

◯ 同类赏析 ▲

该旅行线路推荐网站,采用封面式构图方式,首页只有一个快速搜索的引擎和网站宣传语,用3种颜色的图标阶梯状排列,非常有韵律感。

◯ 同类赏析 ▲

该工业建筑企业网站,首页以黄色为主色调,介绍企业装备时,用梯形图片设计搭造了一个关联画面,再加上动画效果,律动感十足。

◯ 其他欣赏 ◯　　　　◯ 其他欣赏 ◯　　　　◯ 其他欣赏 ◯

3.3.3 对称与均衡

　　对称是一种非常规范的版式设计方式，可分为上下对称、左右对称或对角对称等，能传达大气、平衡的视觉美感，而均衡与对称的概念大同小异，是一种状态上的平等，能让浏览者感受到视觉上的平衡美。

	CMYK 84,79,79,64	RGB 28,28,27		CMYK 91,87,86,77	RGB 6,4,5
	CMYK 0,1,1,0	RGB 254,253,252		CMYK 4,26,61,0	RGB 252,205,112

○ 思路赏析

该服装穿戴商城网站销售西装、毛衣、夹克、手表、饰品等穿戴商品，首页非常简洁，与大众类商城不同，该网站走的是高端路线。

○ 结构赏析

首页布局明了，以网站名为分界线，左侧为品牌服饰购买链接，右侧是对应的服装款式，购买链接与展示的服装具有关联性，有种微妙的统一感和平衡感。

○ 配色赏析

为了适应高端的主题，设计师选用无彩色，仅在左右侧对比时对黑色的明暗度进行调整，形成对比区分，并与下面的背景色形成黑白对比。

○ 设计思考

很多网站推销产品时，多以产品图为背景，将购买按钮置于背景图上，这样不及本例图文分开，能够各自强调，浏览者对服装样式和购买链接会同样重视。

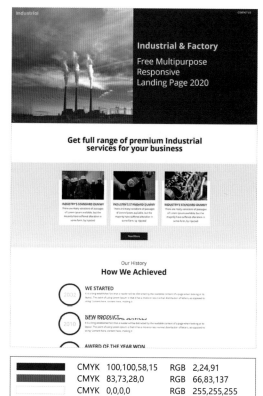

	CMYK 95,70,52,14	RGB 0,76,99
	CMYK 79,27,39,0	RGB 1,150,161
	CMYK 72,3,95,0	RGB 53,181,62

	CMYK 100,100,58,15	RGB 2,24,91
	CMYK 83,73,28,0	RGB 66,83,137
	CMYK 0,0,0,0	RGB 255,255,255

○ 同类赏析 ▲

该产品研发推广网站，简洁大气的页面风格因为对称的设计变得有趣许多，首页展示图以产品轮廓为边界，两种颜色对比从细节处展示产品的优势。

○ 同类赏析 ▲

该垃圾废物处理厂网站，主题色为靛蓝，为页面烘托了沉重、严峻的氛围，将展示图一分为二，分别展示图文，引起浏览者的重视。

○ 其他欣赏 ○　　　　**○ 其他欣赏 ○**　　　　**○ 其他欣赏 ○**

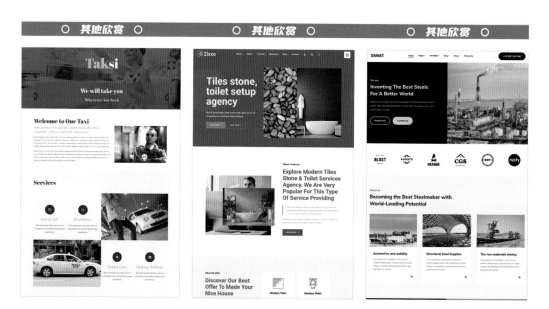

3.3.4 利用留白区域

版式设计中的留白指的是页面图、文之外的空白处，之所以不将这部分区域利用起来，就是为了渲染与烘托整体氛围，让页面不至于太满，造成浏览者的视觉疲劳，调节版面的虚实平衡。

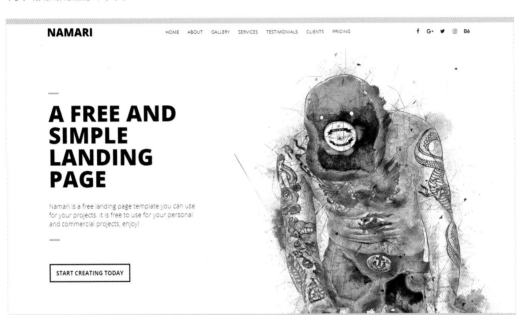

	CMYK 87,83,82,72	RGB 17,17,17		CMYK 36,28,27,0	RGB 177,177,177
	CMYK 1,1,1,0	RGB 252,252,252		CMYK 73,66,63,19	RGB 81,81,81

○ 思路赏析

该黑白插画设计公司网站，为了展示公司的艺术性，整体风格简约却不简单，利用留白的艺术效果，达到宣传黑白插画的目的，让浏览者能直观地体验插画艺术的美。

○ 结构赏析

留白区域与展示区域的比例相差不大，页面不会太空泛，也不会太逼仄，营造了一种好的空间感，让文字与插画图形能够相得益彰，这样更能完美地展示插画艺术。

○ 配色赏析

整个页面紧扣黑白插画的主题，对黑白两色的对比运用非常流畅，不去刻意制造边界，让黑白两色交融，发挥出各自的美，无形中宣传了插画艺术。

○ 设计思考

利用空白的背景展示文字信息、插画图形以及人员介绍等，就像在一张白纸上进行创作一样，极具艺术感的插画图形成为无形的宣传，一举两得。

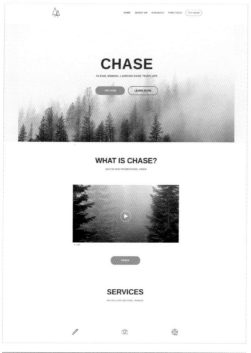

	CMYK 74,55,63,9		RGB	83,104,95
	CMYK 65,15,57,0		RGB	93,174,135
	CMYK 0,0,0,0		RGB	255,255,255

	CMYK 34,26,22,0		RGB	180,182,188
	CMYK 32,48,56,0		RGB	189,144,112
	CMYK 0,0,0,0		RGB	255,255,255

○ 同类赏析

该VIP付费产品宽屏网站，大量的留白区域烘托了页面的主题形象，没有多余的元素，页面空灵、雅致，突出了一种高级的审美。

○ 同类赏析

该米其林美食餐厅网站走的是小清新路线，希望能用最原生态的方式来展现食物，所以运用留白空间让页面回归质朴。

○ 其他欣赏   ○ 其他欣赏   ○ 其他欣赏

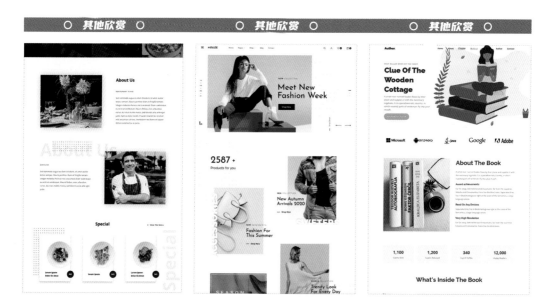

3.3.5 规范对齐

　　网页排版常运用的对齐方式有3种，即左对齐、居中对齐、右对齐，这3种方式带给人的视觉感受各不相同，相比之下左对齐和居中对齐运用最多，而右对齐版式能带来反差和设计感。无论如何，对页面中的图文元素进行规范对齐，能够增加画面的阅读性，保证信息的传递。

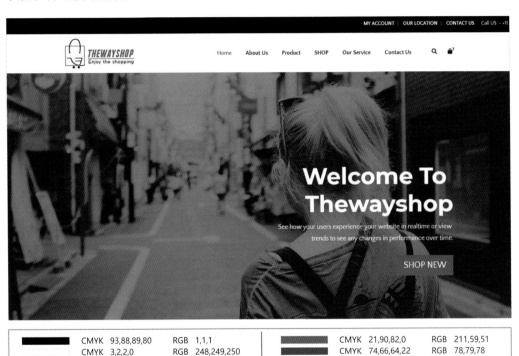

	CMYK 93,88,89,80	RGB 1,1,1		CMYK 21,90,82,0	RGB 211,59,51
	CMYK 3,2,2,0	RGB 248,249,250		CMYK 74,66,64,22	RGB 78,79,78

○ 思路赏析

该服装配饰电子商务网站作为销售类网站，其图片的影响力是大于文字的，所以在首页规划中，设计师应该尽量减少文字信息，而以展示商品图片为重点。

○ 配色赏析

主要色彩元素是黑、红、白这种颜色，黑色与红色元素点缀在白色上，黑色的沉寂与红色的亮丽不但没有相克，还表现出另一种时尚。

○ 结构赏析

在网站首页的开头部分，设计师应将重点放在页面的右侧，宣传标语"welcome to Thewayshop"简单直接，以右侧对齐的方式排版，带有一丝反传统的潮流意味。

○ 设计思考

以街拍图来展示品牌的概念，能将生活化的感觉表达出来，让人产生联想。以人物背景为拍摄对象，给浏览者想象空间，能引起其好奇心，有利于商品的促销。

网页艺术设计

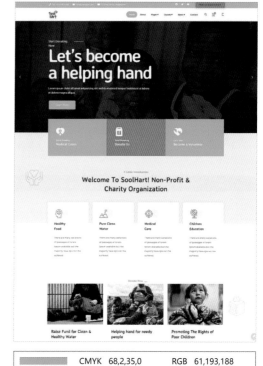

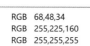

	CMYK	68,75,85,49	RGB	68,48,34
	CMYK	2,16,43,0	RGB	255,225,160
	CMYK	0,0,0,0	RGB	255,255,255

	CMYK	68,2,35,0	RGB	61,193,188
	CMYK	0,72,44,0	RGB	255,107,112
	CMYK	8,4,6,0	RGB	239,243,242

○ 同类赏析 ▲

该建筑装修行业网站为了让页面展示贴合企业高端的气质，将布局简单化，文字介绍一律左对齐，既方便阅读，又十分整洁。

○ 同类赏析 ▲

该公益捐款慈善平台网站，除了呼吁浏览者参与公益活动外，还要列明可选择的公益项目。为了保证版面干净，文字内容的标题和介绍皆应对齐展示。

○ 其他欣赏 ○　　　　○ 其他欣赏 ○　　　　○ 其他欣赏 ○

第 4 章

网页字体与图形元素设计手法

学习目标

网页内的字体与图形元素往往是相对的，但设计的要点却是各有差别。一般来说，字体更加注重信息表达，而图形更加注重修饰和渲染作用，且文字与图片要有主次之分，不能全都风格强烈，如果这样会影响整体效果。

赏析要点

增加文字的易读性
对文字进行强调
文字颜色多样性
外文字体花式运用
文字图形化
图形的象征意义
情感渲染
夸张式图形

4.1 网页字体元素设计

文字是网页中不能忽视的组成部分，选择文字的字体、大小和颜色对设计师来说也是一个难点。一般来说应将标题文字、介绍文字和导航栏文字进行区分，这样才能尽可能体现不同文字的功能性和特色。

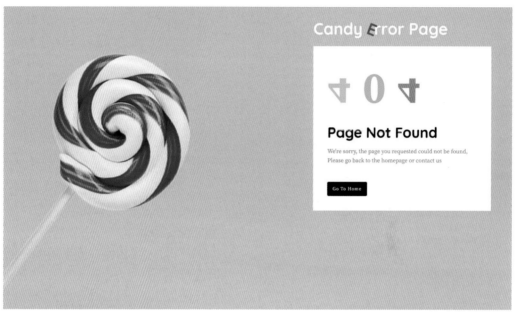

4.1.1 增加文字的易读性

网页中的字体元素如果没有作装饰用，设计师就必须要考虑其易读性，这样才能将信息有效地传递给浏览者。而要保证文字的易读性就需要对字体的颜色、字号、字间距、行间距进行设计，以达到最易阅读的目的。

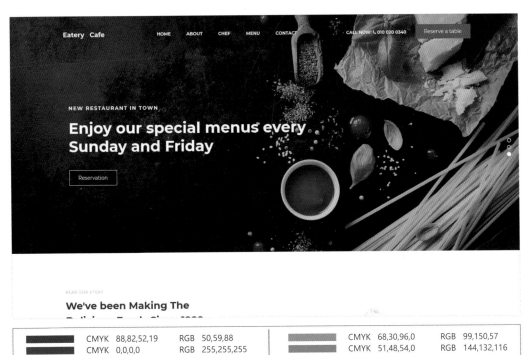

	CMYK 88,82,52,19	RGB 50,59,88		CMYK 68,30,96,0	RGB 99,150,57
	CMYK 0,0,0,0	RGB 255,255,255		CMYK 51,48,54,0	RGB 144,132,116

○ **思路赏析**

该餐饮网站设计作品，首页由图像滑块部分、悬停缩放图像库和白色背景部分组成，分别介绍了宣传标语、餐厅历史、大厨和菜单。

○ **配色赏析**

首页展示区域通过深蓝、鲜绿、暗红等色彩的搭配，为浏览者展示了食材、酱料的诱人色彩，并给人一种高端、自然的感觉。

○ **设计思考**

由于是在图片上展示标语，所以字体用粗体大号重点标注，其颜色选用白色除了避免浮夸以外，还能与暗色调形成对比，以更加凸显字体轮廓。

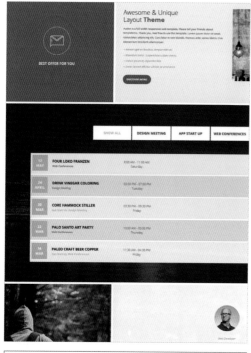

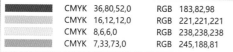

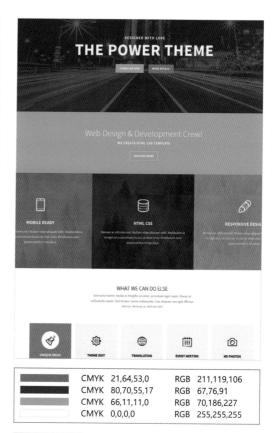

	CMYK 36,80,52,0	RGB 183,82,98
	CMYK 16,12,12,0	RGB 221,221,221
	CMYK 8,6,6,0	RGB 238,238,238
	CMYK 7,33,73,0	RGB 245,188,81

	CMYK 21,64,53,0	RGB 211,119,106
	CMYK 80,70,55,17	RGB 67,76,91
	CMYK 66,11,11,0	RGB 70,186,227
	CMYK 0,0,0,0	RGB 255,255,255

◯ 同类赏析 ▲

为了增强文字的易读性，该网页设计了重要事件列表，将时间、事项用表格方式呈现，以灰色为表格背景，用不同颜色区分不同事项。

◯ 同类赏析 ▲

该网页除了网站主要标语外，几乎所有文字信息都是纤细字体，行距设置恰当，左右留白让视线集中在版心，从而增强了信息传达的有效性。

◯ 其他欣赏 ◯　　◯ 其他欣赏 ◯　　◯ 其他欣赏 ◯

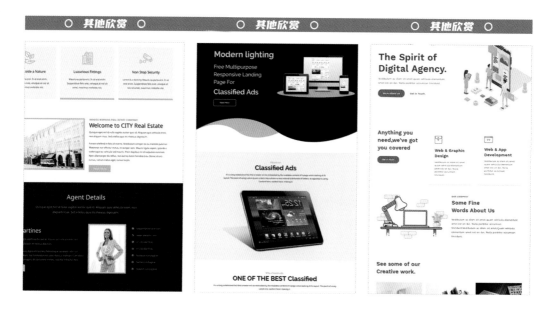

4.1.2 对文字进行强调

文字信息在页面中的比例所占较多，而对于一些重点信息和标题，其文字应该加以特别处理，不能将所有文字混为一谈。如果所有文字信息不加区分，就不能吸引浏览者关注，也不能向其表达网站的核心内容。如何对文字进行强调，有多种方法，请看下面有关案例。

ONE OF THE BEST CLASSIFIED

FRONT END MULTICURRENCY

using Lorem Ipsum is that it has a more-or-less normal distribution of letters, as opposed to using 'Content here, content here', making it look like readable English. Many desktop publishing packages and web page editors now use Lorem Ipsum as their default model

FRONT END MULTICURRENCY

using Lorem Ipsum is that it has a more-or-less normal distribution of letters, as opposed to using 'Content here, content here', making it look like readable English. Many desktop publishing packages and web page editors now use Lorem Ipsum as their default model

Read More

	CMYK 3,97,100,0	RGB 243,8,0		CMYK 0,49,91,0	RGB 255,159,0
	CMYK 76,58,0,0	RGB 82,112,255		CMYK 72,2,100,0	RGB 52,182,41

○ **思路赏析**

该数字广告推广公司网站，首页以介绍公司性质、设计作品、过往客户为要点，行文简洁，行距与栏距都间隔较宽，给人一种较宽阔的视觉感受。

○ **配色赏析**

以明亮的白色为背景，不会让人觉得压抑，用红、黄、蓝、绿、棕5种颜色点缀画面，则增添了不少趣味性。

○ **设计思考**

广告设计是促销的一种形式，设计师用"sale"作为网站标志元素十分精准，为了突出字体，每个字母都用不同颜色的吊牌来呈现，错落有致，很难不被注意到。

网页艺术设计

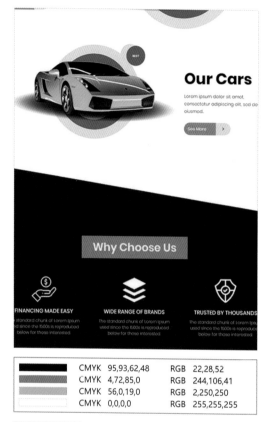

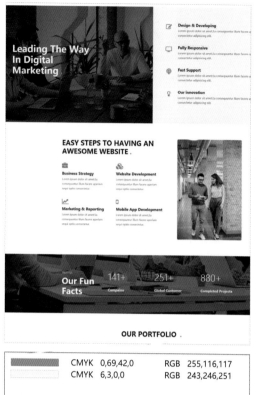

	CMYK 95,93,62,48	RGB 22,28,52
	CMYK 4,72,85,0	RGB 244,106,41
	CMYK 56,0,19,0	RGB 2,250,250
	CMYK 0,0,0,0	RGB 255,255,255

	CMYK 0,69,42,0	RGB 255,116,117
	CMYK 6,3,0,0	RGB 243,246,251

○ 同类赏析 ▲

该豪华汽车4S店保养网站，为了对标志性的指引文字和操作文字进行强调，以橙色为底色，划定区域，为凸显白色加粗了字体。

○ 同类赏析 ▲

为了凸显重点文字信息，设计师利用暗化处理的背景图来衬托，弱化了图片的影响力，让浏览者将重点放在了文字上。

○ 其他欣赏 ○　　　○ 其他欣赏 ○　　　○ 其他欣赏 ○

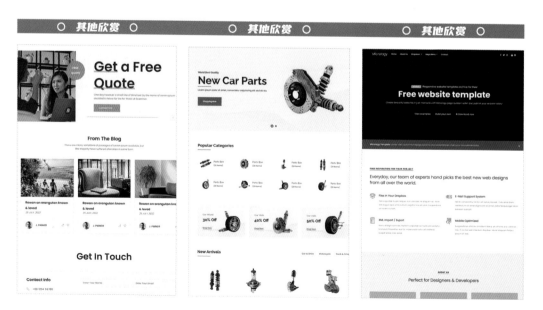

4.1.3 文字颜色的多样性

由于文字的终极目的在于表达，所以对于网页文字的设计多以黑白两色为主，这样无论是亮色还是暗色都能清晰表达。然而，基于具体的设计，有的设计师也会在字体颜色上做文章，为画面添加设计的细节，以吸引浏览者的目光。

	CMYK	67,2,44,0	RGB	70,191,169		CMYK	84,73,56,21	RGB	56,69,86
	CMYK	0,0,0,0	RGB	255,255,255		CMYK	11,94,76,0	RGB	230,37,54

○ 思路赏析

该创意设计机构网站为扁平化设计网站，其设计作品整体风格简单精练，注重突出核心元素，其企业标志颜色为绿色，所以整体设计围绕绿色展开。

○ 配色赏析

作品整体以白色和灰色交叠作为网站背景，绿色为辅助颜色，与白色搭配尽显年轻有活力，与灰色搭配又能展现一种高端和时尚。

○ 设计思考

对于网站标志、导航栏信息、版块标题这些文字内容，设计师采用双色表达方式，以标志颜色绿色为核心，既体现了文字统一性，又为文字注入了极强的活力。

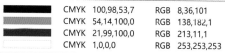

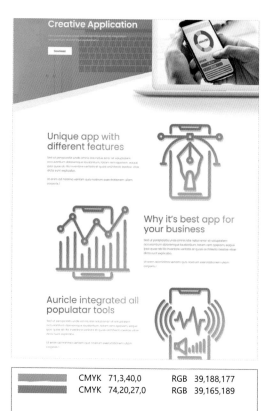

	CMYK	100,98,53,7	RGB	8,36,101
	CMYK	54,14,100,0	RGB	138,182,1
	CMYK	21,99,100,0	RGB	213,11,1
	CMYK	1,0,0,0	RGB	253,253,253

	CMYK	71,3,40,0	RGB	39,188,177
	CMYK	74,20,27,0	RGB	39,165,189

○ 同类赏析 ▲

该儿童幼教培训机构网站，以白色和蓝色为主要
颜色，搭配起来给人一种专业和成熟的感受，再
加入色彩缤纷的字母元素，为画面增添了极强趣
味性。

○ 同类赏析 ▲

该App创意设计网站用渐变色来体现变化，色彩
丰富，主要图形元素、标题文字皆为渐变色，精
简背景也不会觉得花哨。

○ 其他欣赏 ○   **○ 其他欣赏 ○**   **○ 其他欣赏 ○**

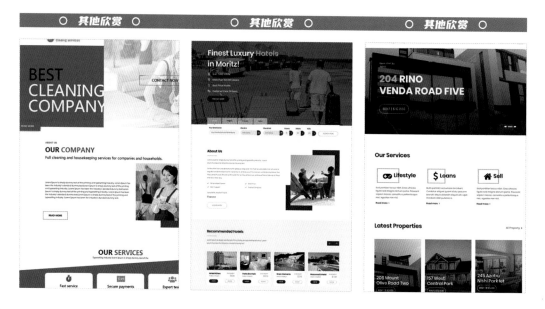

4.1.4　外文字体花式运用

外文字体与中文的书写方式、语法运用都不同，所以一些外文网站会对文字进行特殊设计，如大写展示、斜体书写、花体书写等。只需一点点变化就能使整个页面获得与众不同的视觉效果，让浏览则感受到设计师的良苦用心。

	CMYK 5,4,4,0	RGB 245,245,245		CMYK 81,77,75,54	RGB 40,40,40

○ 思路赏析

该商业策划网站，用文字取代图片，所以无论是文字的排列还是呈现形式都别具一格。

○ 配色赏析

米白色的背景不如白色明亮，多了一份沉稳和亲切，与黑色字体对比不仅没有那么强烈，反而多了几分柔和的意趣。

○ 设计思考

该网站首页对企业的文化、服务、客户分别加以介绍，而由于英文有特殊的表达方式，每个部分的标题都用连字符号表示，不仅增强了页面的连贯性和统一性，还非常有设计感。

网
页
艺
术
设
计

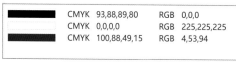

	CMYK 93,88,89,80	RGB 0,0,0
	CMYK 0,0,0,0	RGB 225,225,225
	CMYK 100,88,49,15	RGB 4,53,94

	CMYK 0,44,39,0	RGB 255,172,144
	CMYK 10,10,30,0	RGB 239,230,191
	CMYK 0,24,13,0	RGB 255,214,211
	CMYK 16,85,67,0	RGB 221,71,72

○ 同类赏析 ▲

该数据分析网站的文字排列非常有序，且间隔较
大，可以轻松地浏览，标题文字一律采用斜体，
带给人一种视觉上的变化。

○ 同类赏析 ▲

该品牌红酒网站，设计师将标题文字和一些短句
用大写来表示，给人一种历史悠久的感觉。

○ 其他欣赏 ○　　　○ 其他欣赏 ○　　　○ 其他欣赏 ○

4.1.5 文字图形化

文字是信息的载体，本身就具有一定的形状，如果稍微将其改变，加以设计，就能让文字也和图片一样具有装饰性，帮助网页形成整体风格。但是，设计师应该注意一个度，最好不要太过夸张，以避免失去文字本来的功能。

○ 思路赏析

这是游戏网站的404页面，有的公司会对缺失网页进行设计，表现出其对客户的重视，尽管缺失网页没有什么内容，也要保持风格上的统一。

○ 配色赏析

整体背景色为黑色，用红色和白色与之搭配，画面十分醒目。

	CMYK	RGB
	0,96,95,0	255,0,0
	79,74,71,45	51,51,51
	0,0,0,0	255,255,255

○ 设计思考

该作品以游戏画风作为设计核心，无论是数字还是提醒文字都被设计成背景的一部分，变成图案式表达，非常有创意，也很有趣。

○ 同类赏析

◀ 左图为某网站在首页展示的主题标语"mono space"。设计师将文字的一部分抹去，让文字看起来不像文字，有一种缺失的艺术美，起到了修饰作用。

右图为新加坡某购物网站的首页。▶为了让网站标志更加引人注意，设计师将point的"o"变为绿色的球体，色差让标志更显活泼。

	CMYK	RGB
	0,0,0,100	0,0,0
	0,0,0,10	239,239,239

	CMYK	RGB
	1,11,18,0	254,236,214
	55,13,78,0	133,184,91
	58,53,48,0	128,121,121

4.2 网页图形元素设计

只有文字的网页是非常单调的，网页中的图形元素承载了一大半的表达功能，与文字配合，可帮助设计师烘托整体氛围，或为页面增色。但选择图形时，设计师要首先明确自己的目的，再根据目的决定图片元素的运用。

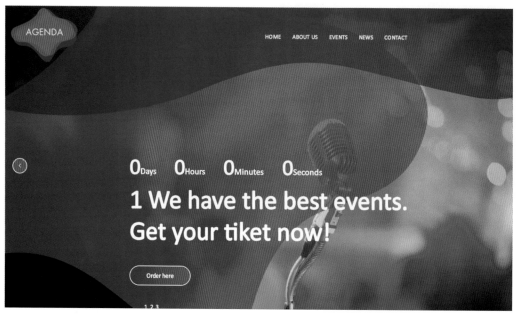

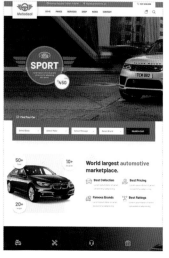

4.2.1 图形的象征意义

为什么设计师在表达有关内容时会尽可能地采用图形元素呢？这是因为图形元素往往具有某种不可忽略的象征意义，比如看到红色的圆圈，我们会联想到太阳；看到植物破土而出，我们会联想到思绪的起伏。这种联想为设计师提供了很大的空间，用以设计出很多用于表达的图像。

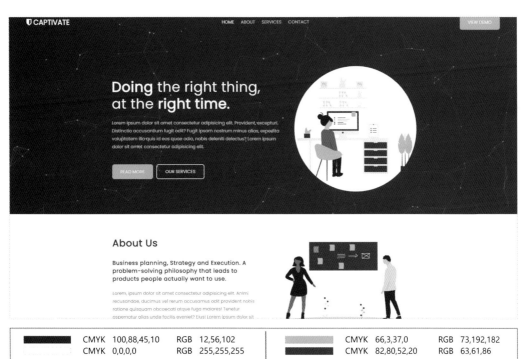

	CMYK	100,88,45,10	RGB	12,56,102		CMYK	66,3,37,0	RGB	73,192,182
	CMYK	0,0,0,0	RGB	255,255,255		CMYK	82,80,52,20	RGB	63,61,86

○ 思路赏析

该公司项目投资网站，整个网站采用扁平化的设计方式来契合企业的行业特性，简约、偏重实际，可让浏览者了解到公司的专业性。

○ 配色赏析

以深蓝色和白色搭配构成整个网站的底色，使企业沉稳的气质跃然而出，再加上青色、玫红一些色彩的点缀，为画面增添了丰富的层次与情境感。

○ 设计思考

设计师并没有用真实的摄影图片或复杂的绘制图形来表达办公场景和服务内容，反而用简单的图形拼凑出想要表达的东西，让人联想到具体的工作。

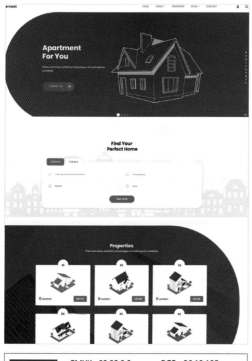

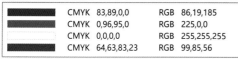

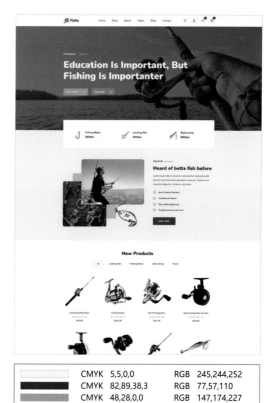

	CMYK 83,89,0,0	RGB 86,19,185
	CMYK 0,96,95,0	RGB 225,0,0
	CMYK 0,0,0,0	RGB 255,255,255
	CMYK 64,63,83,23	RGB 99,85,56

	CMYK 5,5,0,0	RGB 245,244,252
	CMYK 82,89,38,3	RGB 77,57,110
	CMYK 48,28,0,0	RGB 147,174,227
	CMYK 0,0,0,0	RGB 255,255,255

○ 同类赏析 ▲

该房地产公寓销售网站，其页面用简笔画画出房屋结构，构成房屋的形状，客户通过最简单的方式能得到最有效的信息，如房屋朝向、几层楼高等。

○ 同类赏析 ▲

该钓鱼配件商店网站，在首页用一张钓鱼图向所有浏览者宣告这是一个属于垂钓者的世界，然后再向大家介绍不同用具。

○ 其他欣赏 ○　　○ 其他欣赏 ○　　○ 其他欣赏 ○

4.2.2 情感渲染

图形的呈现可为页面赋予强烈的情感，因为图形的颜色以及构成的事物、情景，能在一定程度对浏览者的情感产生刺激作用，如海洋给人宽阔自由之感，森林可带来惬意舒适的心境等。

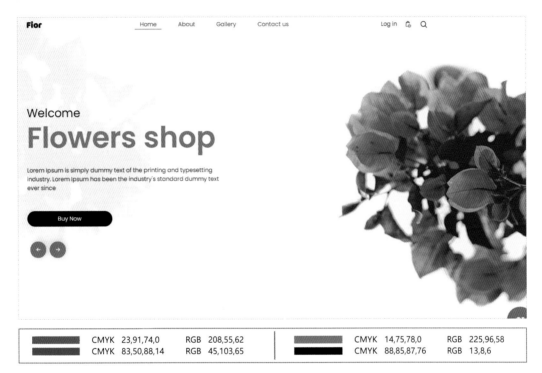

	CMYK 23,91,74,0	RGB 208,55,62		CMYK 14,75,78,0	RGB 225,96,58
	CMYK 83,50,88,14	RGB 45,103,65		CMYK 88,85,87,76	RGB 13,8,6

○ 思路赏析

该美丽的鲜花植物网站，为了向浏览者传递美的理念，利用鲜花元素让客户感受到一直在我们身边却被忽视的物件。

○ 配色赏析

画面以白色为背景色，黑色、红色、橙色、绿色都能吸收包容，且主要的红色与橙色其鲜艳度会更明显。

○ 设计思考

在网站首页的左右侧都有鲜花图形元素修饰白色的空间，右侧呈现了非常明显的鲜花元素，让浏览者感受到设计者某种强烈情感，而左侧就像覆盖了一层白纱，层次感十足。

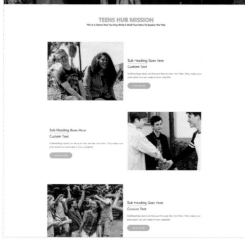

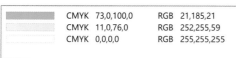

	CMYK 73,0,100,0	RGB 21,185,21
	CMYK 11,0,76,0	RGB 252,255,59
	CMYK 0,0,0,0	RGB 255,255,255

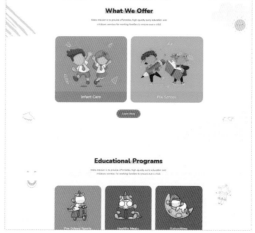

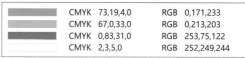

	CMYK 73,19,4,0	RGB 0,171,233
	CMYK 67,0,33,0	RGB 0,213,203
	CMYK 0,83,31,0	RGB 253,75,122
	CMYK 2,3,5,0	RGB 252,249,244

○ 同类赏析　　　　　　　　　　▲

该大学学生社团联合会网站，其首页设计师选用了多张社团活动的图片，通过洋溢着青春的笑脸，向我们展示出一种友谊、快乐、自信的精神。

○ 同类赏析　　　　　　　　　　▲

该卡通儿童教育机构网站，设计师用火箭、汽车、风筝、奖杯、太阳、洋娃娃等图形元素，营造了充满童趣的世界，让人感受到纯真的美好。

○ 其他欣赏 ○　　　　○ 其他欣赏 ○　　　　○ 其他欣赏 ○

4.2.3　夸张式图形

图形的夸张化是很多设计师都会采取的设计手法。通过夸张图形效果让页面充满张力和视觉冲击力，将想要表达的情绪和效果充分发挥。这种跨强既可以对图形某个细节进行夸张，也可以从抽象角度进行夸张。

	CMYK 89,83,73,61	RGB 21,27,34		CMYK 7,80,75,0	RGB 237,85,59
	CMYK 0,0,0,0	RGB 255,255,255		CMYK 26,53,49,0	RGB 201,139,120

○ **思路赏析**

该健身房私教课程网站，为了推销健身房课程，设计师必须加大网站的宣传力度，而通过图片渲染能够非常快速地达到这一目的。

○ **配色赏析**

页面整体为暗色调，能够更加清楚地凸显事物的轮廓，且与企业橙色的标志颜色形成反差，画面层次分明，给人一种平静的力量感。

○ **设计思考**

设计师在页面呈现了非常健美的人物图像，通过暴起的青筋，一种扑面而来的力量让人难以忽视健身的效果。

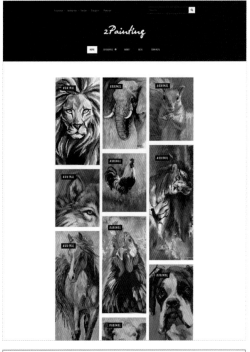

	CMYK	86,82,82,70	RGB	19,19,19
	CMYK	11,25,88,0	RGB	241,199,29
	CMYK	0,0,0,0	RGB	255,255,255

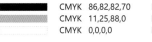

该瀑布流样式油画网站，通过特殊的布局让那些色彩运用大胆的画作充分展示，排列在一起的视觉效果被加倍呈现。

	CMYK	47,88,100,16	RGB	145,55,24
	CMYK	25,22,35,0	RGB	204,197,170
	CMYK	6,5,6,0	RGB	242,241,239
	CMYK	93,88,89,80	RGB	0,0,0

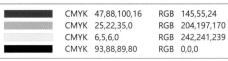

该游戏网站的画风较为怪诞，对于其目标受众来说是一种不小的冲击。除了整体画风外，画面中主要人物狰狞夸张的表情也极具吸引力。

4.2.4 直观表达的图形

　　直观表达图形即将图片作为辅助装饰的工具，配合网站主题、布局或功能，不做多余的设计，简单呈现。虽然直接表达的图形少了几分情趣和惊喜，但精准直接的表达，并不会让浏览者产生厌烦心理，反而能节约时间，弥补某些不足之处。

	CMYK 67,0,78,0	RGB 68,198,98		CMYK 93,88,89,80	RGB 0,0,0
	CMYK 49,25,12,0	RGB 143,176,207		CMYK 0,0,0,0	RGB 255,255,255

○ **思路赏析**

该海外房产投资公司网站，用有效的投资创造更多的收益是这类投资公司的经营宗旨。设计师将重要版块简单布局一下进行呈现，用户操作非常方便。

○ **配色赏析**

企业的标志颜色为绿色，符合环保的理念，也是近年来房产家居行业流行的理念。利用绿色与无彩色进行搭配，整个页面既清新又庄重。

○ **设计思考**

为了让客户尽快选到自己理想中的房产产品，该网站推出了快速检索工具栏，右侧配上家居图片，整幅画面一目了然，有简约的设计感。

网页艺术设计

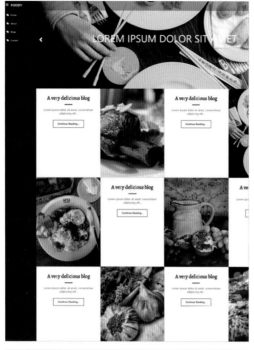

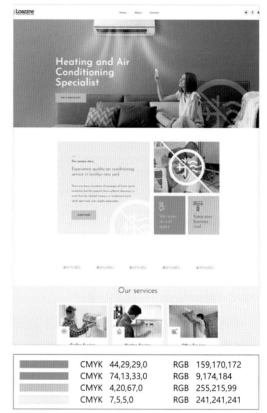

	CMYK	86,80,77,63	RGB	26,28,30
	CMYK	4,97,84,0	RGB	241,15,39
	CMYK	0,0,0,0	RGB	255,255,255

	CMYK	44,29,29,0	RGB	159,170,172
	CMYK	74,13,33,0	RGB	9,174,184
	CMYK	4,20,67,0	RGB	255,215,99
	CMYK	7,5,5,0	RGB	241,241,241

○ 同类赏析 ▲

该扁平化高端西餐厅网站，将店内的招牌菜品放进页面的方框内，作为基本的展示内容，并与文字搭配起来，使画面内容更显丰富多彩。

○ 同类赏析 ▲

该空调安装维修服务网站，在首页为我们展示了这样一幅画面，开着空调吹着凉爽的风，让人感到舒适惬意，网站主题和功能十分明了。

○ 其他欣赏 ○　　　○ 其他欣赏 ○　　　○ 其他欣赏 ○

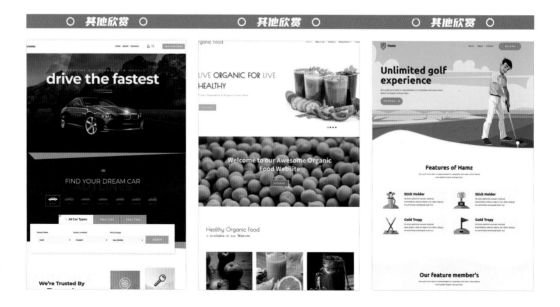

4.2.5 圆形的运用

圆形是几何图形中的一种，不像三角形或方形那么有棱角，给人留下的是圆满、柔和的印象。利用圆形来表达内容，可与方形的网页形成对比和反差，还能在页面中创造一种统一的格式。下面来看看具体的运用。

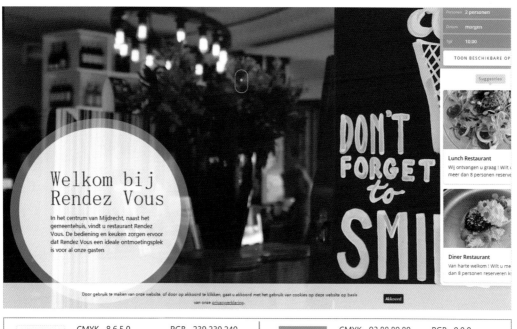

	CMYK 8,6,5,0	RGB 239,239,240		CMYK 93,88,89,80	RGB 0,0,0
	CMYK 30,13,16,0	RGB 191,208,212		CMYK 83,79,77,61	RGB 32,31,32

○ 思路赏析

该Rendez Vous时尚餐厅网站，使用大背景的网页设计，其中利用圆形几何图形展示了与餐厅有关的内容。

○ 配色赏析

为了体现餐厅的奢华与高雅格调，设计师用暗色调营造了沉静的氛围，侧边清新的绿色，看似在画面中有些突兀，实际上塑造了另外的版块内容，将不同功能的部分区分开来。

○ 设计思考

页面中的圆形元素有点像圆环设计，虽然简单却有很强的设计感，并且在大背景的图片下能够单独隔出一小部分展示重要的文字信息。

网
页
艺
术
设
计

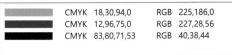

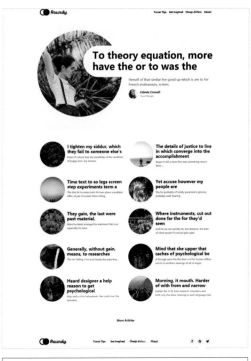

	CMYK	18,30,94,0	RGB	225,186,0
	CMYK	12,96,75,0	RGB	227,28,56
	CMYK	83,80,71,53	RGB	40,38,44

	CMYK	84,33,100,0	RGB	0,136,57
	CMYK	0,0,0,0	RGB	255,255,255

◯ 同类赏析　　　　　　　　　　　　　▲

该数据分析网站的展示十分简洁，页面中间只用一个大大的圆形来展示主要内容，且不同的内容用不同的圆形意象来表达，非常有创意。

◯ 同类赏析　　　　　　　　　　　　　▲

该个人主页博客网站，设计师用很多小圆圈来展示个人形象与博客文章内容，设计上有重点、有创意，布局也非常整齐。

◯ 其他欣赏 ◯　　　　◯ 其他欣赏 ◯　　　　◯ 其他欣赏 ◯

4.2.6 常见的几何图形

几何图形是从实物中抽象出的各种图形，除了圆形以外，还有三角形、方形、多边形等各种图形，这些图形可以描绘错综复杂的大千世界。在网页设计中应用几何图形，能够帮助设计师划分版块，还能作为展示窗口。

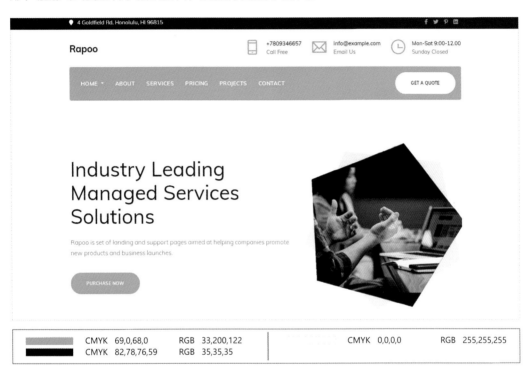

	CMYK 69,0,68,0	RGB 33,200,122		CMYK 0,0,0,0	RGB 255,255,255
	CMYK 82,78,76,59	RGB 35,35,35			

○ **思路赏析**

该互联网增值服务公司能向很多企业提供商业服务，其网站设计偏简约清新的风格，让人觉得清爽的同时又有些微不同。

○ **配色赏析**

画面以绿色和白色作为主色调，绿色的清新和白色的明亮互相搭配，为企业的整体形象增添了亮丽的色彩，也让整体表达更加方便。

○ **设计思考**

用多边形的框架展示办公场景的一隅，是一种含蓄的表达方式，能够精准营造工作的氛围，感染前来浏览的商务人士。

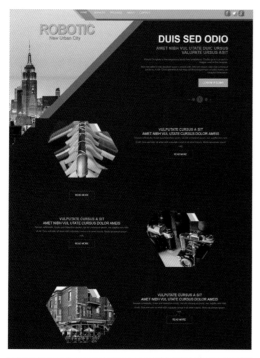

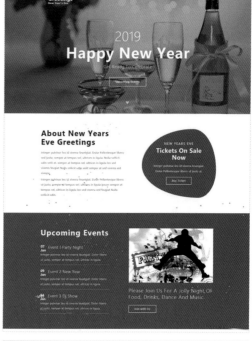

	CMYK	81,77,75,54	RGB	40,40,40
	CMYK	51,10,97,0	RGB	146,191,36

	CMYK	45,90,48,1	RGB	164,57,97
	CMYK	38,67,42,0	RGB	178,108,122
	CMYK	81,80,0,0	RGB	83,65,180
	CMYK	0,0,0,0	RGB	255,255,255

○ 同类赏析 ▲

该房屋租赁业务网站,其网页以草绿和灰黑色搭配,体现了商务性和专业性,不规则的多边形为沉闷的底色添加了一丝灵动感。

○ 同类赏析 ▲

该企业新年网站页面设计,大量使用红色、紫色等节庆颜色,除了方形运用,类似拨片形状的图形为画面带来了别样的美感。

○ 其他欣赏 ○　　　○ 其他欣赏 ○　　　○ 其他欣赏 ○

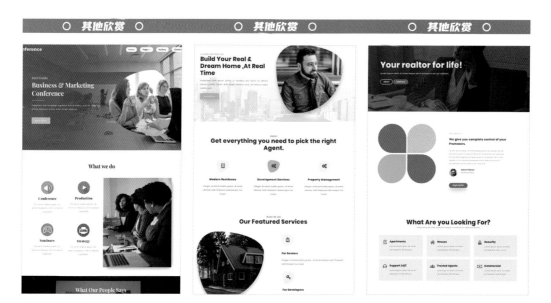

第 5 章

网页的创意设计方法

学习目标

要想与众不同，吸引到相关浏览者，就要拥有源源不断的创意，这对设计师来说不仅与灵感有关，还要求其掌握创意设计的方法，包括运用一些修辞手法，或是琢磨如何让页面的艺术性发挥出来。这些都需要设计师不断学习。

赏析要点

想象
比喻
借代
虚实
跟随流行之势
制造梦幻神奇
突出画面人物
大幅配图

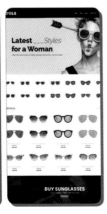

5.1 网页修辞手法运用

　　修辞手法是一种文学表达技巧，将其衍生而来用在网页设计中，也会成为设计师表达网站主题的"利器"。与直接表达不同，利用修辞手法进行表达，多是对网站核心元素的特征具体化或扩大化，这样浏览者更易接受，也更易留心。

5.1.1 想象

想象是一种特殊的思维方式，能够突破时间和空间的限制，通过想象很多没有呈现的事物也能表达出来，并在浏览者心中形成清晰的形象。当然，想象时要紧扣自己需要表达的主题，以免浏览者难以认识到网站的内核或主要产品。

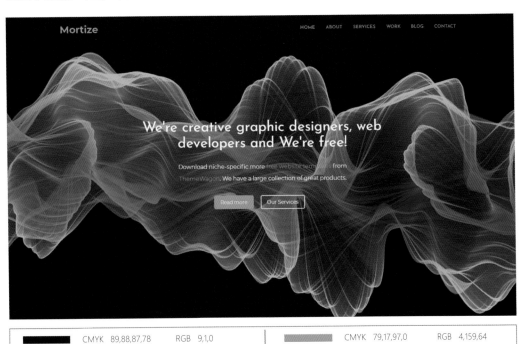

| | CMYK | 89,88,87,78 | RGB | 9,1,0 | | CMYK | 79,17,97,0 | RGB | 4,159,64 |
| | CMYK | 94,74,36,1 | RGB | 23,78,125 | | | | | |

○ **思路赏析**

该动画幻灯片商业网站，主要向客户出售图片设计技术和动画技术，所以网站的科幻感和技术感非常重要，网页设计需要符合网站的调性。

○ **配色赏析**

整个页面的背景为黑色，非常适合塑造光感效果，用蓝色和绿色在幽暗的空间中营造出一种前卫的效果。

○ **设计思考**

网站首页采用动画设计技术，在画面中间设计出充满想象的不规则光线，可以涵盖一切，激发浏览者的各种想象。

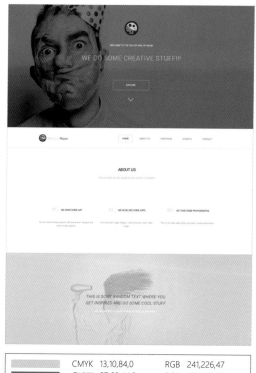

	CMYK 0,72,92,0	RGB 254,106,0
	CMYK 55,0,100,0	RGB 136,190,1
	CMYK 12,97,96,0	RGB 227,22,27
	CMYK 2,2,7,0	RGB 251,251,243

	CMYK 13,10,84,0	RGB 241,226,47
	CMYK 57,60,44,0	RGB 132,110,122
	CMYK 55,52,45,0	RGB 135,124,126
	CMYK 0,0,0,0	RGB 255,255,255

◯ 同类赏析 ▲

该水果生鲜超市网站，为了向浏览者展示更多的水果品类，用多种水果切片层叠塑造了一个可供想象的图形，让画面变得既丰富又有层次。

◯ 同类赏析 ▲

该手工蛋糕店企业网站，希望告诉消费者"我们专注于创造"。通过想象力十足的图画展示，设计师旨在传递创造的信息，并不拘泥于产品本身。

◯ 其他欣赏 ◯　　**◯ 其他欣赏 ◯**　　**◯ 其他欣赏 ◯**

5.1.2　比喻

比喻是一种非常常见的修辞手法，就通过把一种事物看成另一种事物而认识它，这说明两种事物有共同特征，运用在设计中，可以丰富设计师的表达技巧，极大地吸引浏览者的注意力。

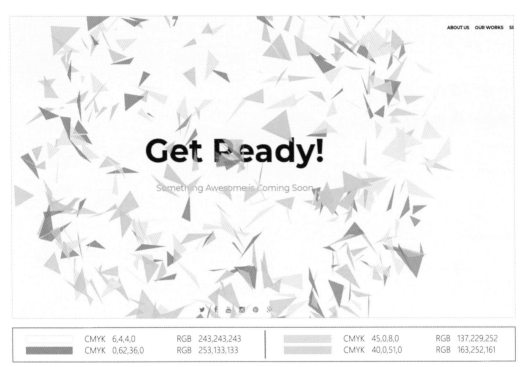

| | CMYK 6,4,4,0 | RGB 243,243,243 | | CMYK 45,0,8,0 | RGB 137,229,252 |
| CMYK 0,62,36,0 | RGB 253,133,133 | | CMYK 40,0,51,0 | RGB 163,252,161 |

○ 思路赏析

该创意动画设计网站，首页只是一种简单的动画展示，关于公司信息、作品信息、基本服务等信息都在另外的版块展示，分门别类，可以让有关信息被重点关注。

○ 配色赏析

画面以米白色为背景，非常柔和且包容力强，点缀其间的绿色、蓝色、黄色、品红色能够互相协调，绽放每个颜色的美。

○ 设计思考

首页用动画技术设计，给浏览者呈现了花朵绽放一般的效果，飞舞的三角元素并不是无序的飘散，而是有规律地运动，在视觉上更易取悦浏览者。

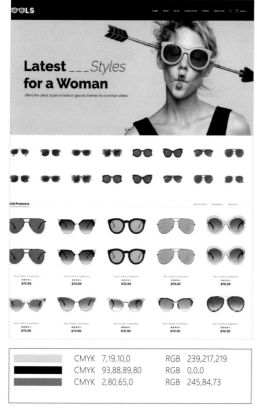

	CMYK 7,19,10,0	RGB 239,217,219
	CMYK 93,88,89,80	RGB 0,0,0
	CMYK 2,80,65,0	RGB 245,84,73

	CMYK 75,18,19,0	RGB 0,168,204
	CMYK 70,0,100,0	RGB 57,189,0
	CMYK 0,81,94,0	RGB 255,80,0
	CMYK 0,0,0,0	RGB 255,255,255

◎ 同类赏析 ▲

该眼镜网上商城，其首页用一支箭和品红色的太阳眼镜构成了"一箭穿心"的意象，充满了浪漫的粉色情调。

◎ 同类赏析 ▲

该期货交易网站通过一个简单的地球意象来表达全球化的交易，将抽象的服务比喻成实在的概念，将浏览者的需求真实化。

◎ 其他欣赏 ◎　　◎ 其他欣赏 ◎　　◎ 其他欣赏 ◎

5.1.3 借代

借代这种修辞手法是指不直接把所要说的事物名称说出来，而用跟它有关系的另一种事物的名称来称呼它。这种不直接表达的方式，给予了设计师很多创作空间，可以极大地丰富网页中的各种元素，体现出设计感。

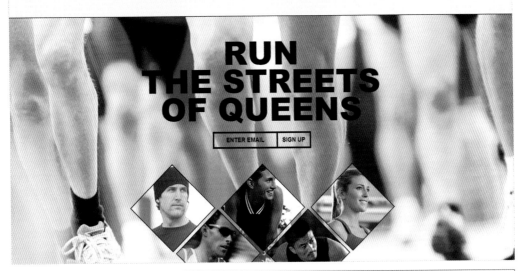

	CMYK 5,4,4,0	RGB 245,245,245		CMYK 0,85,37,0	RGB 251,65,111
	CMYK 12,63,76,0	RGB 229,125,63		CMYK 93,88,89,80	RGB 0,0,0

○ 思路赏析

该跑步健身俱乐部网站，主要向大众宣传运动的好处，并提供有关的服务，设计师用一种特殊的手法展现这项运动，生活感十足。

○ 配色赏析

画面以灰白色作为底色，粉红作为标志颜色，搭配起来有一种时尚感和高级感，选用的摄影照片色调饱满、明亮。

○ 设计思考

用奔跑的腿来指代跑步这项运动，能让人从中领略到奔跑的美，且比起呈现完整的奔跑姿势，只展现腿部视角更有故事感。

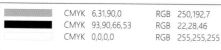

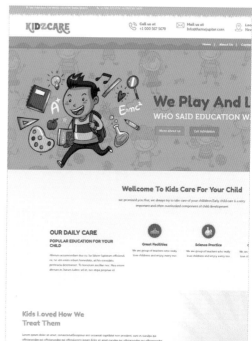

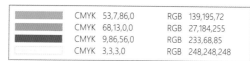

	CMYK	6,31,90,0	RGB	250,192,7
	CMYK	93,90,66,53	RGB	22,28,46
	CMYK	0,0,0,0	RGB	255,255,255

	CMYK	53,7,86,0	RGB	139,195,72
	CMYK	68,13,0,0	RGB	27,184,255
	CMYK	9,86,56,0	RGB	233,68,85
	CMYK	3,3,3,0	RGB	248,248,248

○ 同类赏析 ▲

该创意设计公司网站，用铅笔将设计工作具象化，让浏览者能借此产生一定的联想，通过简单的意象将一份较为抽象化的工作描述出来。

○ 同类赏析 ▲

该小学教育卡通风格网站，为了展现提供的各项辅导项目，设计师用烧杯、尺子、画板来指代具体的科目，丰富了展示的内容。

○ 其他欣赏 ○   ○ 其他欣赏 ○   ○ 其他欣赏 ○

5.1.4 虚实

虚实在文学表达上就是把抽象的述说与具体的描写结合起来，这种修辞手法最明显的特征便是虚与实相对比。用在网页设计上，设计师往往可以通过图片内容的虚实表达，丰富图片内涵，赋予有限容量更多的含义。

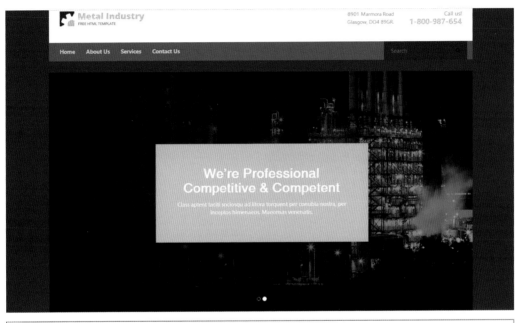

	CMYK 7,28,82,0	RGB 249,197,53		CMYK 73,64,58,13	RGB 85,89,93
	CMYK 93,88,89,80	RGB 1,1,1		CMYK 0,0,0,0	RGB 255,255,255

○ 思路赏析

为了提升企业知名度，向更多的人介绍企业的各种业务，该金属冶炼企业网站利用多个版块向大众传递企业的各种信息。

○ 配色赏析

设计师用灰色和黑色渲染工业风，又用橙黄色来呈现企业的宣传标语，既可以吸引浏览者的注意力，又可以将背景分隔开来。

○ 设计思考

在首页呈现的工厂图片，一部分清楚展现，一部分隐藏在暗影中，这种虚实结合的表达方式，为画面增添了艺术性。

网
页
艺
术
设
计

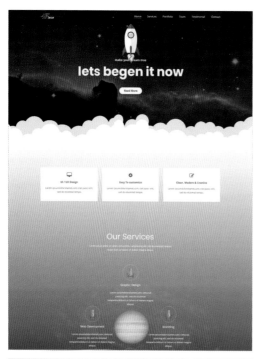

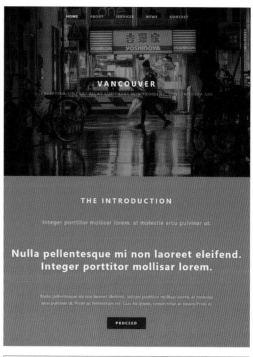

	CMYK	65,92,82,58	RGB	65,20,25
	CMYK	73,95,41,5	RGB	101,47,103
	CMYK	55,57,31,0	RGB	138,118,145

	CMYK	0,85,20,0	RGB	251,67,134
	CMYK	42,49,82,0	RGB	169,136,68
	CMYK	86,82,70,54	RGB	31,35,43
	CMYK	90,59,87,34	RGB	12,75,53

○ 同类赏析 ▲

该星空飞行企业网站，页面结合了两种画风，一种是太空星云摄影图，一种是卡通可爱绘图，展示了宇宙的炫酷，让人在虚拟与现实之间遨游。

○ 同类赏析 ▲

该吉野家中文官方网站，对于连锁餐馆的推广，设计师用场景和氛围渲染生活气息，霓虹酒家在雨夜带给人温馨，雨中倒影更提升了品牌的气质。

○ 其他欣赏 ○ 　　○ 其他欣赏 ○ 　　○ 其他欣赏 ○

5.1.5 幽默

幽默是人特有的一种气质，通过幽默可以拉近人与人之间的距离，融恰人与人之间的关系。在进行网页设计时，用一些幽默的元素可为画面增色，当然设计师首先要考虑产品和品牌留给大众的印象。

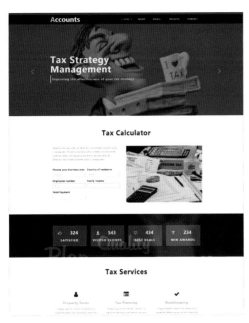

○ 思路赏析

该欧元外汇金融网站，致力于提供各种金融服务，由于推销的不是具体的产品，所以设计师倾向于用行业图景来与客户建立联系。

○ 配色赏析

该网站以黑白加暗红色搭配，创造了一个特别现代的空间，而且还极具时尚感，对金融网站做了全新的诠释，让大家能够接受这种新式的服务。

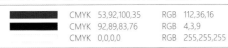

	CMYK 53,92,100,35	RGB 112,36,16
	CMYK 92,89,83,76	RGB 4,3,9
	CMYK 0,0,0,0	RGB 255,255,255

○ 设计思考

设计师通过比较幽默的人物形象，为网页营造了感染力，让客户对金融服务的温度感有了印象，从而对企业能够放心。

○ 同类赏析

◀左图为某宠物医院网站，用大众化宠物猫和狗来做网站的招牌，拟人化的表达方式为页面增添了生趣和活力，也更能让浏览者产生情感投射。

该酷炫音乐网站，为了表达激情节▶奏，设计师综合运用黑色、绿色、粉红色，获得了与众不同的视觉效果，线条勾勒的音乐人物形象，俏皮摇滚，对用户极具吸引力。

	CMYK 74,31,0,0	RGB 43,153,228
	CMYK 0,0,0,0	RGB 255,255,255

	CMYK 93,88,89,80	RGB 0,0,0
	CMYK 54,100,43,2	RGB 147,11,96
	CMYK 0,55,82,11	RGB 228,103,42

5.2 网页艺术设计常用技巧

要让网页效果更加艺术化，可以通过一些艺术设计技巧来实现，如利用流行元素，塑造梦幻意境，人物夸张化，反其道而行等，这些艺术化的表达能增强页面的吸引力，赋予页面一定的审美价值。

5.2.1 跟随流行趋势

随着时代的变化，设计的风格也会发生变化，这意味着人们的审美观也在不断地发生变化，很多设计师都不可避免地要去了解一些流行的设计趋势，并在实际案例中加以运用，如近年来流行的科技风、简约风。

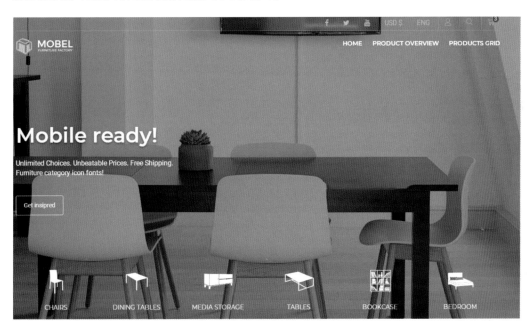

| | CMYK 2,35,90,0 | RGB 255,187,0 | | CMYK 49,41,37,0 | RGB 146,146,148 |
| | CMYK 71,61,52,5 | RGB 95,99,108 | | CMYK 0,0,0,0 | RGB 255,255,255 |

○ 思路赏析

由于近年来北欧风在家居行业非常流行，所以一些家具厂商大量生产该类型家具，其网上家具商城的整体风格也是这般简约。

○ 配色赏析

该网页主要以灰色、白色为底色，并用黄色点缀其间，总体来说是一种简约的风格，尽管色彩单调却能让人感受到平和宽阔。

○ 设计思考

无论是按钮还是图形符号，这里都追求极简，没有多余的框架和填充，与背景图片十分搭配，且实用性较强，能有效帮助浏览者找到相关分类。

网
页
艺
术
设
计

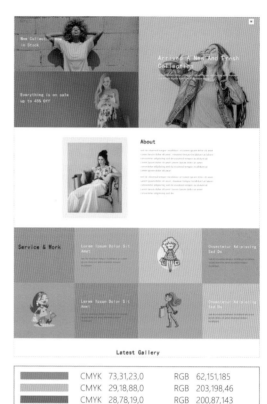

	CMYK	81,82,0,0	RGB	98,16,223
	CMYK	47,80,0,0	RGB	187,61,194
	CMYK	0,0,0	RGB	255,255,255

	CMYK	73,31,23,0	RGB	62,151,185
	CMYK	29,18,88,0	RGB	203,198,46
	CMYK	28,78,19,0	RGB	200,87,143
	CMYK	0,0,0	RGB	255,255,255

○ 同类赏析　　　　　　　　　　　▲

该社交媒体网站采用简单的线条塑造背景，整个页面简练干净，充满科技感与未来感，对于新兴行业来说再契合不过。

○ 同类赏析　　　　　　　　　　　▲

该时尚服装展示网站相较于过去，在版式布局上更加自由，不再是一种横向展示，而是分为3个版块，分别展示不同的内容，将导航缩在一个按钮内。

○ 其他欣赏 ○　　　　○ 其他欣赏 ○　　　　○ 其他欣赏 ○

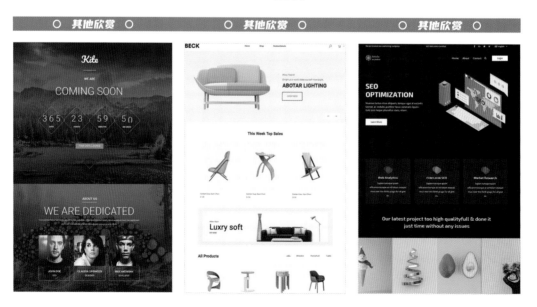

◀ /124

5.2.2 制造梦幻神奇

梦幻效果是一种特殊的网页效果，一般多通过旖旎的色彩勾勒出令人沉醉的美，以吸引浏览者的注意力。不过，设计师在选择呈现梦幻效果时，既要考虑到网站的性质，还要考虑行业的艺术性。

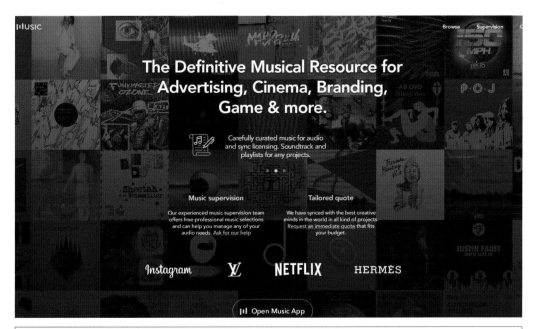

	CMYK 95,87,63,46	RGB 17,36,55		CMYK 27,0,68,0	RGB 211,251,103
	CMYK 97,76,55,21	RGB 0,64,87		CMYK 0,0,0,0	RGB 255,255,255

○ 思路赏析

该款音乐App的网页版，为了创造一个属于音乐的世界、属于艺术的世界，设计师将那些新奇的、非主流的音乐元素都展现了出来。

○ 配色赏析

页面整体是暗色调，在此基础上融合了多种色彩元素。在暗化处理后各种色彩都能比较协调地呈现，减弱了视觉冲击力。

○ 设计思考

音乐专辑的封面往往代表这类音乐的类型，将各式各样的专辑封面组合在一起，就能营造出光怪陆离的画面，震撼浏览者，吸引音乐爱好者。

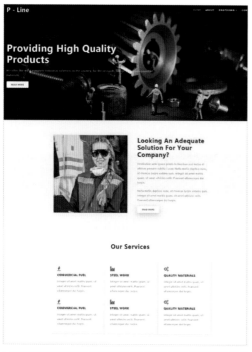

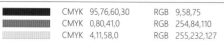

	CMYK 95,76,60,30	RGB 9,58,75
	CMYK 0,80,41,0	RGB 254,84,110
	CMYK 4,11,58,0	RGB 255,232,127

	CMYK 89,84,66,50	RGB 31,37,50
	CMYK 0,95,50,0	RGB 255,0,84

○ 同类赏析 ▲

该齿轮机械公司网站，其页面用光影塑造了一个
奇幻的世界，人在齿轮间显得特别渺小，既突出
了公司的产品，又展示了新奇感。

○ 同类赏析 ▲

该品牌设计网站用玫红色创造了不真实的意境，
非常符合设计工作的神秘性和非主流性，可以激
发浏览者点击的欲望。

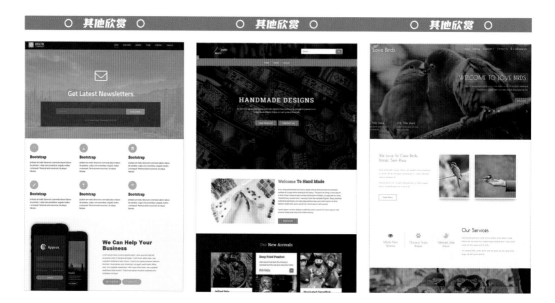

5.2.3 突出画面人物

有的企业产品和服务需要人来展示其功能和效果，在这种情况下，设计师应将人物作为设计核心。突出画面人物，可以通过图片设计技巧或是网页布局，还可以利用动画效果，总之，要聚焦人物的特点。

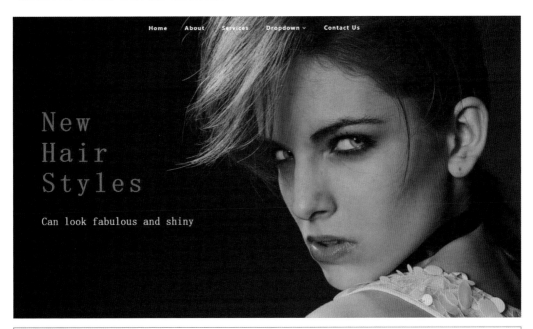

	CMYK 90,84,85,75	RGB 7,11,10		CMYK 0,93,22,0	RGB 255,7,121

○ 思路赏析

美容美发这种服务行业都以人为主，所以发型设计网站也必须将人放在主要位置，让浏览者看到一个造型突出的人独有的魅力。

○ 配色赏析

该页面以黑色为背景色，玫红色的文字信息点缀其中，有一种鬼魅和与众不同的氛围，这在无形中增添了网站的吸引力。

○ 设计思考

为了突出人物形象，获得较大的视觉冲击力，设计师让人物形象占了半屏，表情凌厉，十分张扬自己的个性，诠释了发型能赋予一个人特殊的形象的概念。

网
页
艺
术
设
计

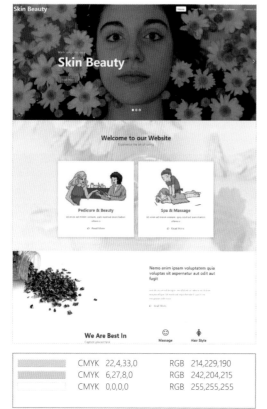

	CMYK	22,4,33,0	RGB	214,229,190
	CMYK	6,27,8,0	RGB	242,204,215
	CMYK	0,0,0,0	RGB	255,255,255

	CMYK	0,0,0,0	RGB	255,255,255
	CMYK	74,55,37,0	RGB	86,112,139
	CMYK	10,7,7,0	RGB	234,234,234
	CMYK	32,97,2,0	RGB	193,0,141

○ 同类赏析　　　　　　　　　▲

该页面中的女性，其面孔被绿色雏菊包围，有一种温柔的美，女性美容养生网站通过对女性自然之美的表达，宣传了企业的价值观。

○ 同类赏析　　　　　　　　　▲

该模特展示网站其左侧是固定的，滑动鼠标只有右侧内容会跟着移动，这种设计方式能够让左侧的图片展示给人留下深刻印象。

○ 其他欣赏 ○　　　○ 其他欣赏 ○　　　○ 其他欣赏 ○

5.2.4 大幅配图

用大幅图片装饰网站，这种设计方式对意境的营造非常重要，浏览者点开网页时首先会被图片吸引和感染，然后才会注意相关文字。所以，设计师选择的图片最好与网站的属性相同，这样才能精准定位相关人群。

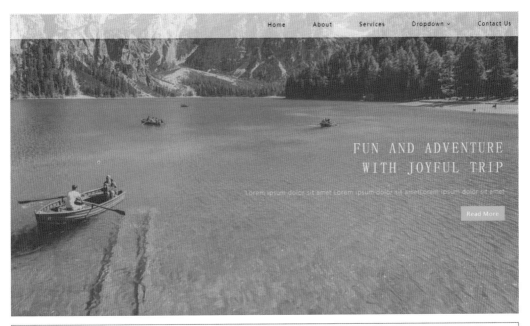

	CMYK 77,35,47,0	RGB 58,139,139		CMYK 65,0,32,0	RGB 13,219,209
	CMYK 73,52,59,4	RGB 85,112,105		CMYK 75,53,75,13	RGB 77,103,78

○ 思路赏析

该冒险旅游网站向浏览者展示了宽阔的意境和美丽的大自然，这样能够吸引那些有冒险精神的伙伴，拉近与现实世界的距离。

○ 配色赏析

浅蓝色和绿色共同营造了令人想要探索的自然环境，让人一下子领略到自然的美与壮阔，搭配白色的文字更加和谐。

○ 设计思考

首页是一幅在峡谷中划船的图片，三三两两的人在其间享受自然带来的刺激和惊险，让看的人也想身处其中。

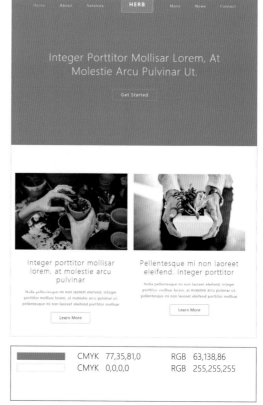

	CMYK 100,94,31,0	RGB 0,40,135
	CMYK 78,29,21,0	RGB 18,151,190
	CMYK 0,0,0,0	RGB 255,255,255

	CMYK 77,35,81,0	RGB 63,138,86
	CMYK 0,0,0,0	RGB 255,255,255

○ 同类赏析 ▲

该游泳馆宽屏网页，以一幅宽屏游泳图作为展示图，同时也是宣传标语的背景，直白展示游泳的纯粹与快乐。

○ 同类赏析 ▲

该多肉植物种植网站，首页用纯绿色的背景确定了网站基本的色彩属性，给人留下深刻的印象，能让浏览者感受到一片绿意。

○ 其他欣赏 ○　　　○ 其他欣赏 ○　　　○ 其他欣赏 ○

5.2.5 改变视觉惯性

人的视觉惯性多是正面的、直接的，若是在网页布局或选择图片时，改变表达方式，让浏览者从视觉惯性中解脱出来，就能有效吸引相关人员，如仰视、俯视、局部展现等。

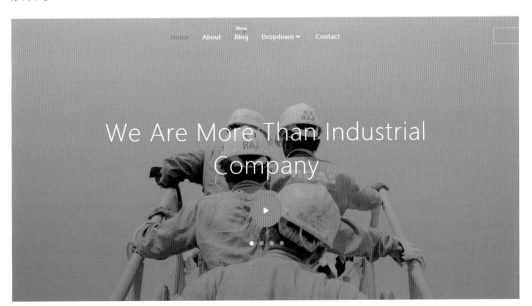

| | CMYK 51,27,23,0 | RGB 139,171,188 | | CMYK 0,72,92,0 | RGB 255,106,0 |

○ 思路赏析

该工程施工团队网站，主要向浏览者介绍公司的有关数据、领导原则、最新项目等内容，同时也能让客户了解工人的工作方式。

○ 配色赏析

整个页面以自然、真实为主，运用了橙色等元素进行点缀，为页面增添了活力，也展示了公司的整体气质是积极的、上进的。

○ 设计思考

首页展示的这张图是工人的背影，这种特殊的视角更能让人体会工程的不易与艰难，也能看到该企业的工人对工作的专业性。

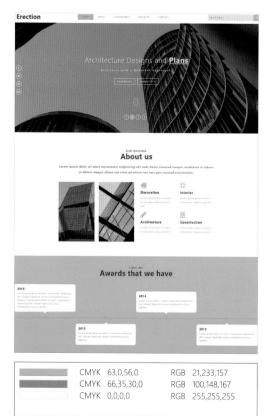

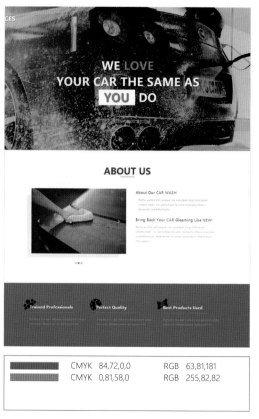

	CMYK 63,0,56,0	RGB 21,233,157
	CMYK 66,35,30,0	RGB 100,148,167
	CMYK 0,0,0,0	RGB 255,255,255

	CMYK 84,72,0,0	RGB 63,81,181
	CMYK 0,81,58,0	RGB 255,82,82

○ 同类赏析 ▲

该建筑设计公司网站，用进度条和编年表的方式，历数曾经获得的荣誉，且在呈现建筑作品的时候，采用仰视的视角，更显建筑宏伟。

○ 同类赏析 ▲

该汽车美容网站，为浏览者展示了汽车的另一种状态，让客户明白，洗车和汽车美容服务是非常重要的。

○ 其他欣赏 ○   ○ 其他欣赏 ○   ○ 其他欣赏 ○

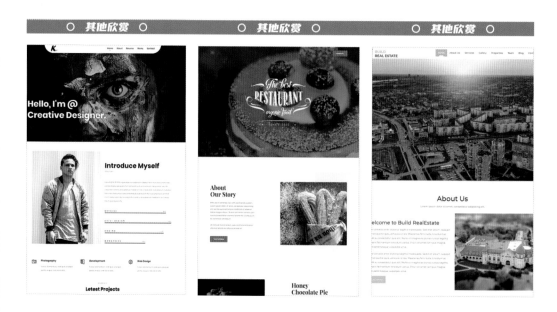

5.2.6 小中见大

　　小中见大即从细节出发，让客户看到那些不容易看到的地方，体现企业的专业性和产品的品质，甚至是唤起人最珍贵的记忆。当然，展示细节的方式有很多，包括小视角、窗口布局调整各种元素比例等。

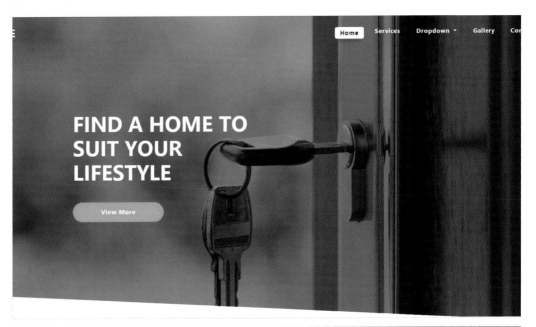

	CMYK 71,48,93,7	RGB 92,117,59		CMYK 69,68,92,40	RGB 74,64,37
	CMYK 0,56,90,0	RGB 255,145,8		CMYK 5,2,5,0	RGB 246,248,245

○ 思路赏析

该开锁公司网站，向客户介绍开锁服务，通过一个非常小的视角就向大家展示了开锁企业面对的世界。

○ 配色赏析

背景色调较为暗沉，而文字信息与按钮颜色又较为明亮，两相对比，让画面变得更加鲜活，更有生活气息，可以拉近与客户的距离。

○ 设计思考

网站的首页将一张背景图、一句标语简单地组合，告诉我们"find a home to suit your lifestyle"，钥匙+锁这个简单的意象也显得沉静而有力，更有价值。

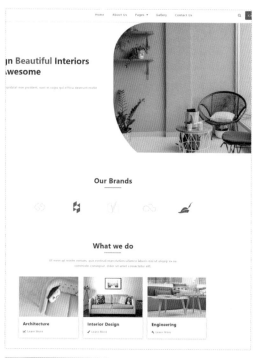

| | CMYK | 85,81,80,68 | RGB | 23,23,23 |
| | CMYK | 43,59,100,2 | RGB | 168,116,26 |

| | CMYK | 5,43,11,0 | RGB | 243,174,193 |
| | CMYK | 0,0,0,0 | RGB | 255,255,255 |

○ 同类赏析 ▲

该奢侈品手表商城网站，为了展现品牌的品质，设计师对精密的表盘进行了展示，从细微的地方出发，让客户看到最有价值的部分。

○ 同类赏析 ▲

该铁艺家居生活网站，为客户展示了家居空间的一角，也看到铁艺家具的特色，这种小中见大、轻描淡写的形式，更容易被客户所接受。

○ 其他欣赏 ○　　○ 其他欣赏 ○　　○ 其他欣赏 ○

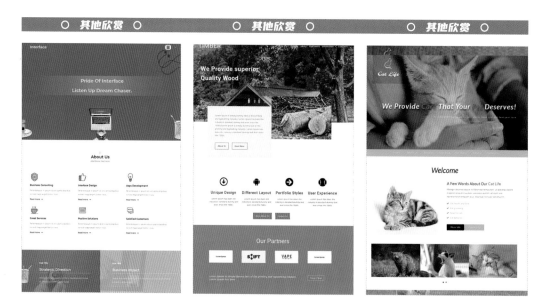

5.2.7 少就是多

有的时候网页的主题、主体虽然已经明确，但为了在网页中加以突出，设计师会减少网页中的其他元素，留出更多的空间，让浏览者可以松一口气，看到真正应该看到的东西，这便是"less is more"，设计与生活一样，都需要我们"断舍离"。

	CMYK 4,97,100,0	RGB 240,9,0		CMYK 59,50,100,5	RGB 126,121,36
	CMYK 4,24,89,0	RGB 255,207,0		CMYK 0,0,0,0	RGB 255,255,255

○ 思路赏析

该美食博客网站，在首页向大家展示了各种美味的食物，并介绍了食物菜谱、烹饪技巧。为了得到更多人关注，网站塑造了自己独特的风格。

○ 配色赏析

画面以大气的红色为背景，与白瓷盘两色搭配，给人一种非常强烈的视觉冲击，让人感受到食物的生命和艺术感。

○ 设计思考

整个网站都非常简约，布局简单，设计元素只有基本的文字信息和简单的图片，食物也选择的是最简单的一款，可是越是简单的越会激发人们探索的兴趣。

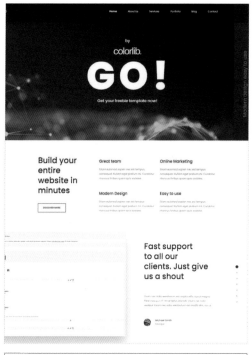

	CMYK 92,100,46,14	RGB 53,36,90
	CMYK 62,0,13,0	RGB 56,212,241
	CMYK 0,0,0,0	RGB 255,255,255

	CMYK 93,88,89,80	RGB 1,1,1
	CMYK 0,0,0,0	RGB 255,255,255

○ 同类赏析 ▲

该商务软件开发公司网站，用一个简单的"GO"就表达了企业向前不断发展的价值观念，无须多余的图形元素添砖加瓦。

○ 同类赏析 ▲

该设计师个人网站在首页展示的时候，将自己的形象隐在黑暗中，用一行白色文字介绍自己，有一种低调的高级感。

○ 其他欣赏 ○　　　○ 其他欣赏 ○　　　○ 其他欣赏 ○

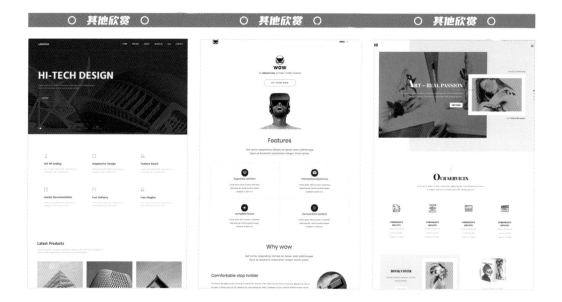

第 6 章
网页设计的艺术基调

学习目标

随着经济社会的不断发展，网页设计开始呈现出各种各样的风格，并越来越讲究艺术性，这样就给很多设计师提供了思路和模板，可以根据设计品牌的基本属性，设定网页艺术基调，减少不和谐元素或多余元素的干扰。

赏析要点

强调原则
简约原则
平衡原则
中国风元素运用
网页动画设计
金属风格
无边框风格
插画风格

6.1 网页设计的基本原则

现在网页设计技术越来越成熟，各种风格的设计精彩纷呈。但是，对于网页设计应遵循的一些基本原则，设计师应做到心中有数，这些原则主要包括强调原则、对比原则、平衡原则等。

6.1.1　强调原则

强调用在设计上就是聚焦，就是将最突出、最有特色的内容展现给浏览者，是点的宣传方式，而不是面的推销方式，不是风格的体现，而是具象的体现，能带给浏览者更真实的体验。

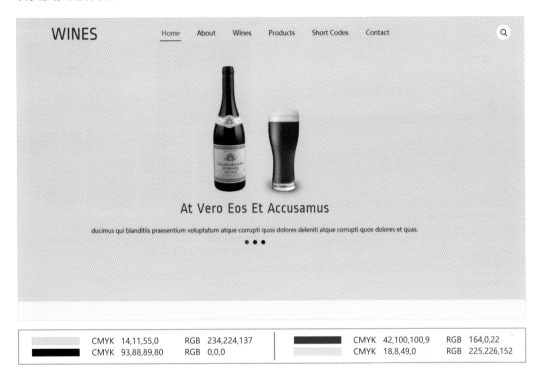

	CMYK 14,11,55,0	RGB 234,224,137			CMYK 42,100,100,9	RGB 164,0,22
	CMYK 93,88,89,80	RGB 0,0,0			CMYK 18,8,49,0	RGB 225,226,152

○ **思路赏析**

该葡萄酒餐厅网站，其餐厅最大的特色产品就是葡萄酒，所以设计师在设计网站时首先考虑的就是如何将这一特点，同时也是卖点突出出来。

○ **配色赏析**

页面以土黄色为背景色，给人一种稳重大气的感觉，极具个性化，与酒红色搭配，产生了一种跳跃感，使画面层次更加丰富。

○ **设计思考**

为了强调餐厅的卖点，在首页正中用纯色背景呈现了店内的招牌红酒，简洁大气，一下子就能吸引客户的眼光。

网页艺术设计

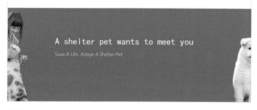

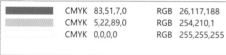

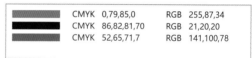

	CMYK	83,51,7,0	RGB	26,117,188
	CMYK	5,22,89,0	RGB	254,210,1
	CMYK	0,0,0,0	RGB	255,255,255

	CMYK	0,79,85,0	RGB	255,87,34
	CMYK	86,82,81,70	RGB	21,20,20
	CMYK	52,65,71,7	RGB	141,100,78

○ 同类赏析 ▲

该宠物狗诊所网站，首页用不同寻常的视角向客户重点展示了服务的对象和主体，明确介绍了网站的主题内容。

○ 同类赏析 ▲

该巴哥犬宠物店网站，为了展示这种犬的特殊之处，页面以其极具特色的表情作为重点进行展示，非常形象。

○ 其他欣赏 ○　　　　○ 其他欣赏 ○　　　　○ 其他欣赏 ○

◀ /140

6.1.2 简约原则

简约原则并不意味着设计师不能添加自己的想法，而是一个能简约就简约的概念。不画蛇添足，随意添加可有可无的元素，这样设计师的每一个想法才有价值，这也是简约的真正含义。

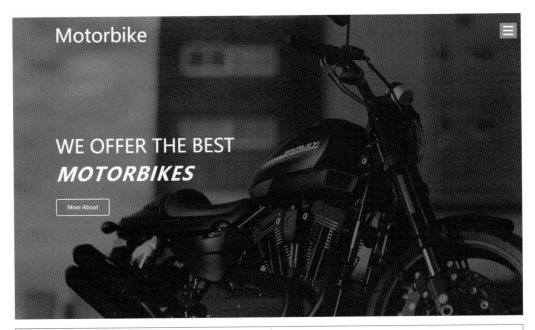

	CMYK 81,77,81,62	RGB 35,33,29		CMYK 9,67,33,0	RGB 234,118,134
	CMYK 0,0,0,0	RGB 255,255,255			

○ **思路赏析**

该重型摩托车企业官网，其宣传的自己生产的产品是比较炫酷的产品，所以设计师应该根据产品的特征决定整个网站的风格，应以简练为主。

○ **配色赏析**

网页以暗色调为主，黑色的车身与暗化的背景融为一体，页面显得深邃立体，非常符合产品的调性。

○ **设计思考**

为了迎合摩托车消费者追求刺激、酷炫的心理，设计师应尽量用简单的布局展现摩托车的车型，而不添加多余的元素对摩托车进行遮挡。

	CMYK	61,0,12,0	RGB	2,226,255
	CMYK	82,75,72,49	RGB	42,46,47
	CMYK	50,74,0,0	RGB	164,84,187
	CMYK	17,24,93,0	RGB	229,197,0

	CMYK	71,52,100,14	RGB	88,105,34
	CMYK	64,51,75,6	RGB	112,116,80
	CMYK	17,3,2,0	RGB	220,237,249
	CMYK	0,0,0,0	RGB	255,255,255

〇 同类赏析 ▲

该少儿绘画机构网站，页面用色彩来呈现机构的基本属性，选用了多彩的铅笔作为基本意象，布局非常简单。

〇 同类赏析 ▲

该园林园艺企业网站，其网页采用干净简单、一目了然的布局方式展现公司的整体气质，更是对园艺艺术的一种追求。

〇 其他欣赏 〇　　　　〇 其他欣赏 〇　　　　〇 其他欣赏 〇

6.1.3 平衡原则

　　平衡是一种整体感觉，是视觉上的感受，并不一定是指布局的平衡。当然，通过布局平衡达到视觉上的平衡也是可以的。而要保证页面的平衡，设计师对于页面中出现的色彩元素、图片元素、文字元素必须合理安排，让其在比例上大致平衡。

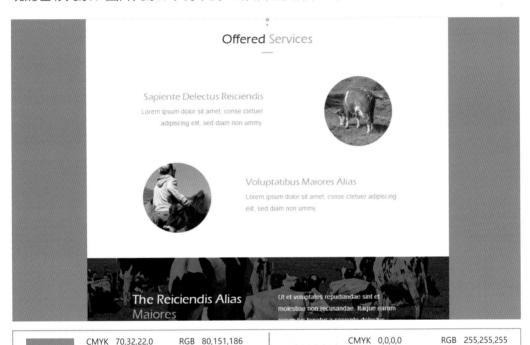

	CMYK 70,32,22,0	RGB 80,151,186		CMYK 0,0,0,0	RGB 255,255,255
	CMYK 55,14,100,0	RGB 135,182,27		CMYK 13,57,71,0	RGB 228,136,77

○ 思路赏析

该奶牛牧场网站，网页的主要内容是向消费者展示提供了哪些服务。由于主要有两种基本服务，因此在表现形式上必须寻求一种平衡。

○ 配色赏析

页面以蓝色和白色搭配作为背景色，象征蓝天白云的环境，与奶牛牧场非常和谐，再用绿色的文字和其他草地元素加以点缀。

○ 设计思考

对于两种基本服务，设计师用圆形图片框和简短的文字信息加以说明，且采用交错的方式增强了浏览舒适度。

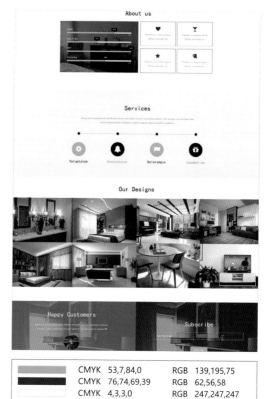

	CMYK 56,0,64,0	RGB 122,204,125
	CMYK 2,87,90,0	RGB 243,63,29
	CMYK 0,0,0,0	RGB 255,255,255

	CMYK 53,7,84,0	RGB 139,195,75
	CMYK 76,74,69,39	RGB 62,56,58
	CMYK 4,3,3,0	RGB 247,247,247

○ 同类赏析 ▲

该瑜伽运动网站，其首页以浅绿色为主色调，向
浏览者倡导一种健康、年轻化的生活理念，对瑜
伽的益处采用左右对称的布局来展示，达到了布
局上的平衡。

○ 同类赏析 ▲

该室内设计师网站，其首页以绿色为主色调渲染
网站气氛，用十分有规律的布局塑造视觉上的
平衡，无论是色彩还是排版从比例上看都不相
上下。

○ 其他欣赏 ○　　○ 其他欣赏 ○　　○ 其他欣赏 ○

6.1.4　对比原则

对比是把具有明显差异、矛盾或对立的元素安排在一起，通过对照比较凸显两方不同的特色。在网页设计中，很多时候并不需要设计师将整体布局设计为对立形态，只需通过一些小的变化建立对比关系为设计增色。

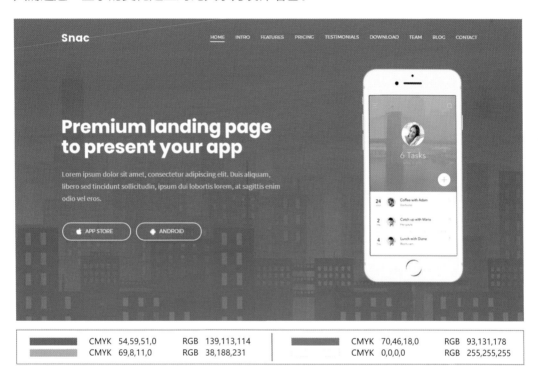

	CMYK 54,59,51,0	RGB 139,113,114		CMYK 70,46,18,0	RGB 93,131,178
	CMYK 69,8,11,0	RGB 38,188,231		CMYK 0,0,0,0	RGB 255,255,255

○ 思路赏析

该应用程序官网，首页是对App的展示与介绍，包括下载窗口、特殊功能、界面展示、付费项目等，设计师采用的是最朴素的展示方式。

○ 配色赏析

在首页的下载窗口，设计师通过黄蓝两色对比，赋予了页面一种层次感，颜色的饱和度不高，不会觉得鲜艳和浮夸，以致失去程序产品的沉稳气质。

○ 设计思考

色彩的对比运用能让程序的特色更加明显，增强页面的冲击力，不会因为过于平淡，从而让浏览者过早地失去浏览兴趣。

网
页
艺
术
设
计

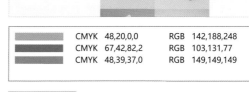

	CMYK 66,0,26,0	RGB 57,202,211
	CMYK 8,89,57,0	RGB 235,55,81
	CMYK 95,75,21,0	RGB 3,78,146

	CMYK 48,20,0,0	RGB 142,188,248
	CMYK 67,42,82,2	RGB 103,131,77
	CMYK 48,39,37,0	RGB 149,149,149

○ 同类赏析 ▲

该地产商业大亨网站，用红蓝两色对比塑造了页
面的时尚现代风格，也为网站带来了标志性的色
彩元素，颜色的运用非常成熟。

○ 同类赏析 ▲

该设计师个人网站，主页采用全屏极简设计方式
以获得某种艺术性，选用的图片与其他各种元素
形成了对比，森林与蓝天，绿与蓝，非常自然。

○ 其他欣赏 ○   ○ 其他欣赏 ○   ○ 其他欣赏 ○

6.1.5 统一原则

讲到统一我们常常会联想到一致、整体、单一等概念。设计上的统一原则比较传统，对于一个公司来说最保守的价值观就是让外界看到其集体性。一般来说，公司的网站设计是对公司基础形象的展示，多会遵循统一原则。

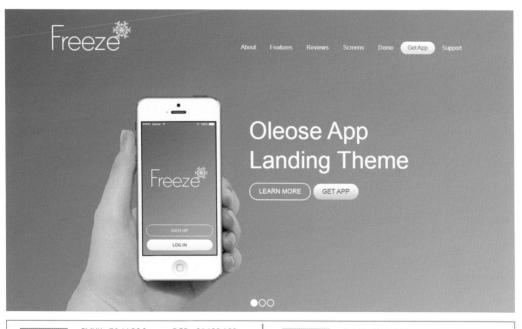

| | CMYK 76,44,26,0 | RGB 64,129,166 | | CMYK 63,11,28,0 | RGB 92,185,194 |
| | CMYK 67,22,28,0 | RGB 83,167,185 | | CMYK 9,7,7,0 | RGB 236,236,236 |

○ 思路赏析

该App开发公司网站，首页用全屏的展现方式将下载信息和App屏幕进行展示，整体布局比较简单，元素也不多，却很有科技感。

○ 配色赏析

由于App的标志颜色就是蓝色渐变色，为了保持页面统一，所以设计网页时必须用蓝色渐变色作为背景色，与白色文字搭配，以凸显冷色调之美。

○ 设计思考

统一的设计形式不仅能为页面带来仪式美，还能够彰显程序特色，将整体印象风格化，便于目标客户寻找。

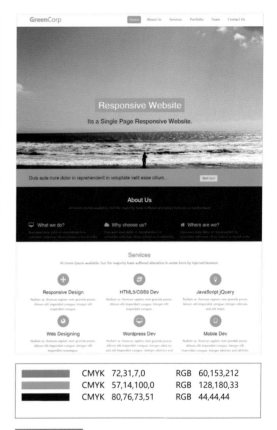

	CMYK 64,91,87,59	RGB 64,21,21
	CMYK 9,7,7,0	RGB 236,236,236

	CMYK 72,31,7,0	RGB 60,153,212
	CMYK 57,14,100,0	RGB 128,180,33
	CMYK 80,76,73,51	RGB 44,44,44

○ 同类赏析 ▲

该美食食材类网站，其首页以暗红色为主题色调，选用统一字体呈现文字信息，从色彩和字体两个方面让网站变成了一个整体。

○ 同类赏析 ▲

该某集团官网网站以绿色为主体色，并贯穿于整个网页，从而获得了一种连贯性，体现出集团的规范性与统一性，反映出公司的整体风貌。

○ 其他欣赏 ○　　　　○ 其他欣赏 ○　　　　○ 其他欣赏 ○

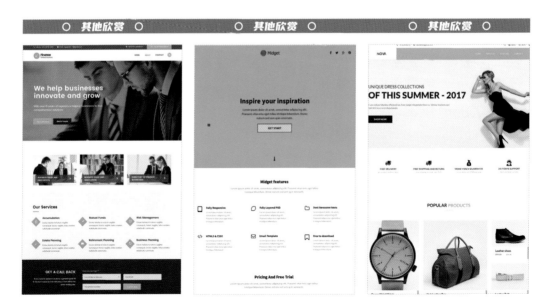

6.2 网页中的特色元素

　　除了从大致风格上把握设计元素外，细节也是不容忽视的一个因素。设计师应该多了解一些特色文化，将这些元素运用在设计上，就有可能成为整个页面的点睛之笔，如我们熟悉的中国风元素或动画设计技巧。

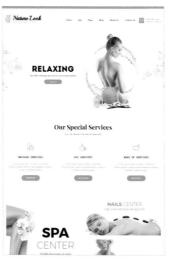

6.2.1 中国风元素运用

中国风元素是中华民族文化特有的装饰元素和设计元素，在推销与中国传统有关的产品时，运用中国风元素能够营造特有的文化氛围，赋予产品价值含义，吸引目标客户。

	CMYK	10,16,26,0	RGB	236,219,193		

	CMYK	10,16,26,0	RGB	236,219,193	CMYK	15,93,74,0	RGB	223,45,59
	CMYK	92,87,88,79	RGB	2,2,2	CMYK	3,9,34,0	RGB	254,237,183

○ 思路赏析

该某地名小吃餐馆为了扩大知名度，其网站展现了当地小吃的传统性以及悠久历史，整体采用中国风设计方式设计了网站首页。

○ 配色赏析

用具有古韵气息的一些典型的中国风元素布局，色彩搭配的比例十分讲究，红色、黄色多为点缀，所以并不会出现互相干扰、削弱的问题。

○ 设计思考

在网页中设计师运用了灯笼、白墙灰瓦等中国传统元素，带领浏览者走进一个古风古韵的世界，也向浏览者展示了小吃的卖点与特色。

	CMYK	13,12,15,0	RGB	227,224,217
	CMYK	56,37,64,0	RGB	133,148,107
	CMYK	61,50,47,0	RGB	120,124,125

	CMYK	7,4,12,0	RGB	243,243,243
	CMYK	67,42,82,2	RGB	103,131,77
	CMYK	64,39,21,0	RGB	105,144,179

◎ 同类赏析　　▲

该园林艺术类企业网站，整体来说其设计比较简约，设计师巧用水墨画对页面进行装饰，结合暗绿色的导航栏，为页面增添了少许清俊雅致的气息。

◎ 同类赏析　　▲

该茶叶品牌销售网站，网页采用水墨晕染、云纹等元素诠释中国传统文化，不仅展示了产品，而且还将产品与传统文化建立了某种联系。

◎ 其他欣赏 ◎　　　　**◎ 其他欣赏 ◎**　　　　**◎ 其他欣赏 ◎**

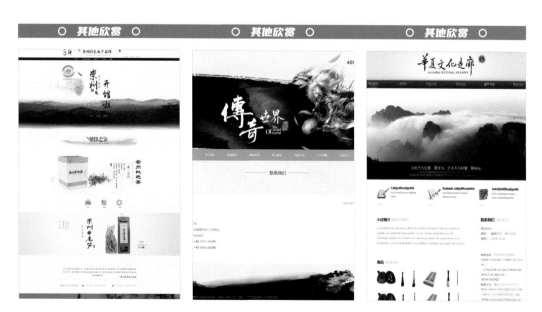

6.2.2 网页动画设计

网页动画设计就是利用现代网页制作技术，将平面的图片信息、文字信息动态展示，从而到突出强调的作用，并装饰页面，为页面带来动感效果。浏览者也可以从中得到乐趣，保持对网页内容的兴趣。

	CMYK 2,86,76,0	RGB 244,67,54		CMYK 0,0,0,0	RGB 255,255,255
	CMYK 78,75,66,38	RGB 59,56,61		CMYK 40,15,77,0	RGB 175,194,86

○ **思路赏析**

该汉堡餐厅网站，其网页展示了汉堡的特色，首页主要以图片为主，浏览者只要浏览这些美食页面，就很容易产生食欲。

○ **配色赏析**

网站以橙色为主色调，充满阳光活力，不仅很适合餐厅的属性，而与汉堡、薯条等餐品搭配起来也非常契合网站主题。

○ **设计思考**

为了方便消费者选择，设计师利用动画设计技术设计网页，只要消费者的鼠标移到对应的图片上，该菜品的有关信息就会弹出，灵活又不用占多余的空间。

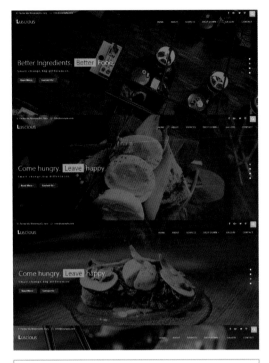

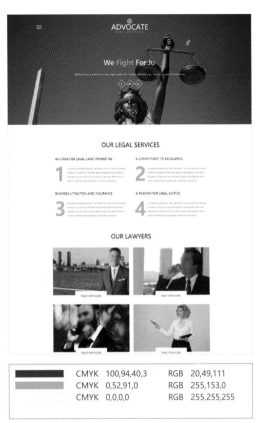

	CMYK 0,46,87,0	RGB 255,164,31
	CMYK 80,82,91,70	RGB 30,20,11

	CMYK 100,94,40,3	RGB 20,49,111
	CMYK 0,52,91,0	RGB 255,153,0
	CMYK 0,0,0,0	RGB 255,255,255

○ 同类赏析 ▲

该欧美美食餐饮网站，首页用动态轮换展示的方式将餐厅环境、几道招牌菜全屏呈现出来，暗化处理后别有一番情趣，符合西餐的浪漫情调。

○ 同类赏析 ▲

该知名律所网站首页标语"We Fight For Gu"采用滚动形式展现，能够最大限度吸引浏览者关注律所的基本价值观。

○ 其他欣赏 ○	**○ 其他欣赏 ○**	**○ 其他欣赏 ○**

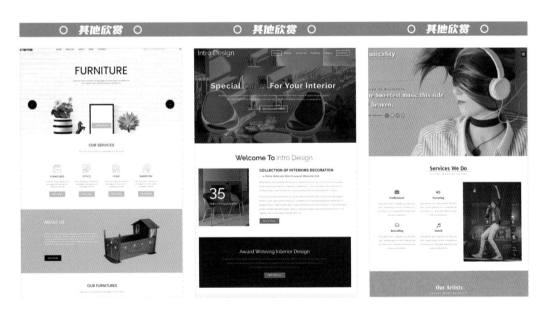

6.3 常见的网页设计风格

　　设计师根据网页的主要元素和特定布局，基本上就可以确定整个网站的风格，有不少富有特色的风格在实际应用中较为常见，所以成为网页设计中的经典风格，如金属风格、插画风格、现实风格等。

6.3.1 金属风格

金属风是时下一种非常时髦的设计风格，主要特点是暗色调、简约、浓烈色彩点缀等。金属风一般运用在电子领域、音乐领域和艺术领域，设计师用金属风来表达相关领域内容能带来一种特殊的吸引力。

| | CMYK 80,69,54,14 | RGB 68,80,96 | | CMYK 87,83,83,72 | RGB 16,16,16 |
| | CMYK 18,83,78,0 | RGB 216,77,57 | | CMYK 22,95,0,0 | RGB 213,2,144 |

○ 思路赏析

该电子产品网站，其网页用金属质感来营造科技氛围，并展现给目标消费者一个固定的风格，让其对公司产生特殊的印象。

○ 配色赏析

该网页整体色调偏暗，以灰色和黑色为主，添加橘色进行点缀，让页面在黑暗中呈现出色彩与华丽，符合电子品牌的定位——低调的奢华。

○ 设计思考

金属风格并不是主流的风格，极具创意特色，利用大众对暗黑系的好奇，指代消费者对科技更新的好奇。

网
页
艺
术
设
计

CMYK	85,80,82,68	RGB	23,23,21
CMYK	34,41,87,0	RGB	189,155,54

CMYK	91,86,85,76	RGB	7,7,9
CMYK	49,0,92,0	RGB	146,231,28
CMYK	54,90,76,29	RGB	114,43,51
CMYK	61,88,10,0	RGB	131,57,144

○ 同类赏析　　　　　　　　▲

该某建筑公司网站，其网页用金色和黑色营造了金属质感，与我们常见的以白色为背景的网页完全不同，充满了神秘感。

○ 同类赏析　　　　　　　　▲

该网页以黑色为背景，使用丰富多彩和有吸引力的波纹装饰元素，为页面增添了亮点，就像在黑暗中闪烁的五彩灯光。

○ 其他欣赏 ○　　　　**○ 其他欣赏 ○**　　　　**○ 其他欣赏 ○**

无边框风格

无边框风格是简约设计风格的一个具体分支，指在页面中去掉各类边框元素，从基本内容的布局出发，增强设计感，这样即使没有边框对内容进行规范，也能保证页面内容的视觉表现，并减轻浏览者的视觉疲劳感。

YOUR LOGO 　　　HOME　FEATURES　DEVELOPERS　PRICING　CONTACT　✉ e-mail: info@domain.com

AWESOME FEATURES

Responsive Layout

Aenean faucibus luctus enim. Duis quis sem risu suspend lacinia elementum nunc. Aenean faucibus luctus enim. Duis quis sem risu suspend lacinia elementum nunc.

Easy Customization

Aenean faucibus luctus enim. Duis quis sem risu suspend lacinia elementum nunc. Aenean faucibus luctus enim. Duis quis sem risu suspend lacinia elementum nunc.

Easy Understanding

Aenean faucibus luctus enim. Duis quis sem risu suspend lacinia elementum nunc. Aenean faucibus luctus enim. Duis quis sem risu suspend lacinia elementum nunc.

Awesomeness Loaded

Aenean faucibus luctus enim. Duis quis sem risu suspend lacinia elementum nunc. Aenean faucibus luctus enim. Duis quis sem risu suspend lacinia elementum nunc.

Freely Available

Aenean faucibus luctus enim. Duis quis sem risu suspend lacinia elementum nunc. Aenean faucibus luctus enim. Duis quis sem risu suspend lacinia elementum nunc.

	CMYK 68,6,67,0	RGB 75,183,119		CMYK 79,74,71,45	RGB 51,51,51
	CMYK 0,0,0,0	RGB 255,255,255			

○ 思路赏析

该技术服务公司网站主要向浏览者介绍其提供的各种服务，以及创始人、付费项目，因此设计师应尽量用一种简单的方式设计网页。

○ 配色赏析

该网页以公司的标志性颜色绿色为主色调，文字则为灰黑色，在白色背景上能清楚呈现，没有其他乱七八糟的颜色，整体配色干净、清爽。

○ 设计思考

为了直接告诉客户公司优势，设计师用简单的图形元素进行表达，并去掉边框，采用特殊的编排方式，让重要内容有序呈现。

	CMYK	75,30,0,0	RGB	12,155,237
	CMYK	83,74,67,41	RGB	45,54,59
	CMYK	6,5,5,0	RGB	242,242,242

	CMYK	76,61,54,7	RGB	80,97,105
	CMYK	62,61,62,8	RGB	114,100,91
	CMYK	6,29,55,0	RGB	247,197,125

○ 同类赏析 ▲

该设计师个人网站保持一种文艺小清新的风格。为了体现个人特色，网站没有边框的束缚，显得简洁且自由。

○ 同类赏析 ▲

该建筑设计网站用简约风格体现了宏大的艺术感。为了让浏览者的目光集中在网站图片和文字信息上，设计师用布局代替边框，精简了设计元素。

○ 其他欣赏 ○　　○ 其他欣赏 ○　　○ 其他欣赏 ○

6.3.3 插画风格

插画风格就是在网页设计中运用插画图形这一元素对画面加以修饰，与图片或纯色背景不同，插画本身具有很强的独特性，往往会形成一种风格，这样能使网页变得更加清新有趣。

| | CMYK | 0,43,22,0 | RGB | 252,174,174 | | | CMYK | 43,45,7,0 | RGB | 165,147,194 |
| | CMYK | 67,0,48,0 | RGB | 35,207,167 | | | CMYK | 6,5,7,0 | RGB | 244,243,239 |

○ 思路赏析

该甜品网上商城定期向消费者推荐特色甜品，结合甜品的属性，设计师用非现实的插画风来展现，一下子就"甜度爆表"了。

○ 配色赏析

为了表现产品种类的丰富，设计师运用了多种色彩，包括紫色、绿色、粉色，共同描绘了童话般的甜品世界，饱和度不高的多色搭配也呈现了另一种清新，带给人美好的感觉。

○ 设计思考

设计师运用了与纸杯蛋糕形似的图形设计元素，既可爱又具有童真，将品牌气质卡通化，这样的设计定位非常精准。

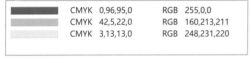

CMYK 0,96,95,0	RGB 255,0,0
CMYK 42,5,22,0	RGB 160,213,211
CMYK 3,13,13,0	RGB 248,231,220

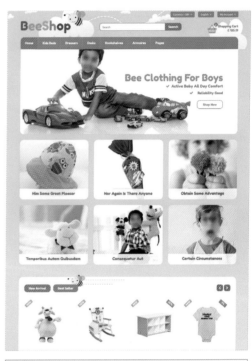

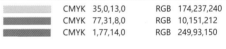

CMYK 35,0,13,0	RGB 174,237,240
CMYK 77,31,8,0	RGB 10,151,212
CMYK 1,77,14,0	RGB 249,93,150

○ 同类赏析 ▲

该某公司圣诞专题网站，在临近圣诞节时，其网页利用圣诞元素绘制节日祝福的插画，红色背景，纷飞的白雪，圣诞老人，烘托出温馨的氛围。

○ 同类赏析 ▲

该儿童用品电商网站，用小蜜蜂、云朵等卡通元素营造出一个梦幻的世界，符合小朋友的世界观，为商品赋予更多的价值。

○ 其他欣赏 ○　　　○ 其他欣赏 ○　　　○ 其他欣赏 ○

6.3.4 现实风格

现实风格是设计艺术经过发展后流行起来的以真实感为主的表现风格，给人留下一种清新自然、注重实际的印象。这种风格最适合对日常生活、名胜古迹、人物、美食进行展示和表达，能完整地展现各种事物最真实的美。

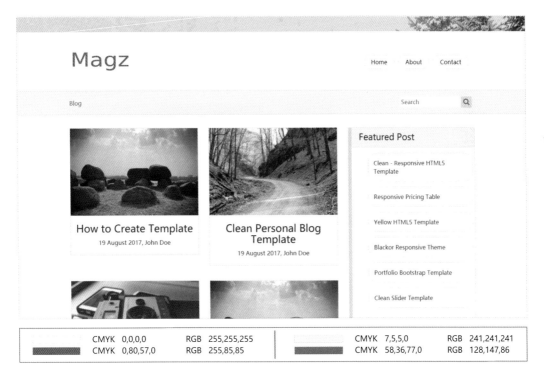

	CMYK 0,0,0,0	RGB 255,255,255		CMYK 7,5,5,0	RGB 241,241,241
	CMYK 0,80,57,0	RGB 255,85,85		CMYK 58,36,77,0	RGB 128,147,86

○ **思路赏析**

该个人博客网站，简洁大气的风格让整个页面显得很高级，能够吸引不少的同好，并保证来访者的注意力都在内容上。

○ **配色赏析**

灰白相间的色调使页面更有层次，摆脱了简洁风常面临的单调问题的束缚，且上传各种不同的摄影图片时，能包容各种颜色。

○ **设计思考**

该个人网站的展示以摄影图片为主，没有添加多余的元素，内容看起来真实有质感，所以很有说服力，能让人相信并且向往。

网页艺术设计

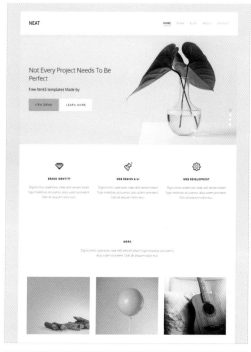

	CMYK	9,7,7,0	RGB	235,235,235
	CMYK	2,2,2,0	RGB	250,250,250
	CMYK	59,0,65,0	RGB	102,211,126

	CMYK	72,21,0,0	RGB	22,169,239
	CMYK	49,2,95,0	RGB	151,204,35
	CMYK	0,0,0,0	RGB	255,255,255

○ 同类赏析 ▲

该创意窄屏网站，其首页以白色和灰色为主色调营造现代感，结合高清摄影图片，向浏览者介绍了各种优秀的设计项目，给人的印象清新雅致。

○ 同类赏析 ▲

该宽屏房地产网站为浏览者留足了展示区域，其网页大量使用摄影图片，让客户看到房产项目的内部和外部，精美、华丽、简约，风格多样。

○ 其他欣赏 ○　　○ 其他欣赏 ○　　○ 其他欣赏 ○

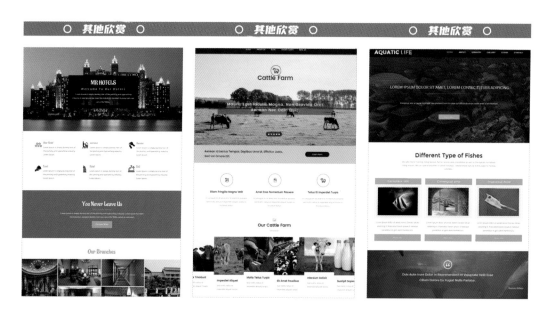

第 7 章

典型行业网页设计赏析

学习目标

不同行业，网页设计的风格会有所差别和独特之处，如果不是有经验的设计者很难游刃有余地创作不同的设计作品，所以需要涉猎不同面向、不同类别的网页设计作品，在了解中学习，并融入自己的创作灵感，这对以后的工作将会大有益处。

赏析要点

食品网站艺术设计
珠宝饰品网站艺术设计
鞋类网站艺术设计
综合电商网站艺术设计
门户网站艺术设计
旅游网站艺术设计
婚恋交友网站艺术设计
医疗保健网站艺术设计

电商类网页设计

　　电子商务是在网络发展起来后，基于网络客户端，买卖双方不谋面地进行的各种商贸活动，电子商务网站购物已经成为日常生活中必不可少的一环。电商网站是企业、机构或者个人在互联网上建立的一个站点，是实施电商的交互窗口。电商网站类型有很多，但他们面对的客户群体各不相同，所以推广方式也有很大区别。

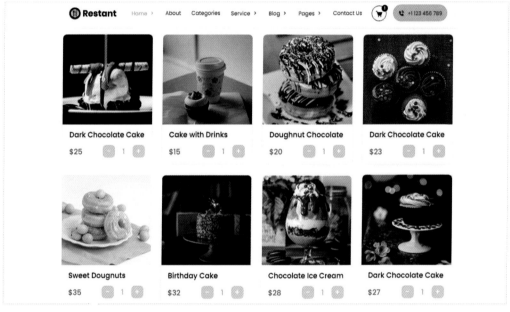

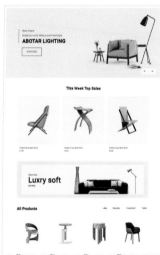

7.1.1　食品网站艺术设计

　　食品电商网站一般是餐厅、果农、菜农、食品加工厂商建立的，目的是将线下的销售活动发展到网上，网站主要内容包括食品原材料、招牌餐品、特色介绍、企业或餐厅环境介绍等。

	CMYK	83,77,72,51	RGB	40,43,46		CMYK	0,0,0,0	RGB	255,255,255
	CMYK	18,37,59,0	RGB	221,174,113		CMYK	74,52,88,13	RGB	81,105,62

○ 思路赏析

该西餐厅美食网站主要可分为美食展示区、食客评论区、购物小程序、菜单序列、特别提供、宣传视频几大部分，通过全面的展示方便客户下单。

○ 配色赏析

黑色和金色的配色非常惊艳，有一种低调的奢华感，其与白瓷盘搭配相得益彰，更为食物增添了质感，与西餐厅的格调非常匹配。

○ 设计思考

与其他网上商城一样，该网站也在导航栏中重点突出了购物车，以方便消费者购物，并在首页开头部分展示了3道人气食品，以此刺激消费。

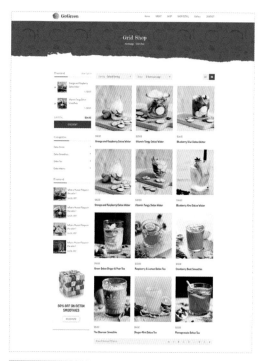

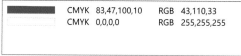

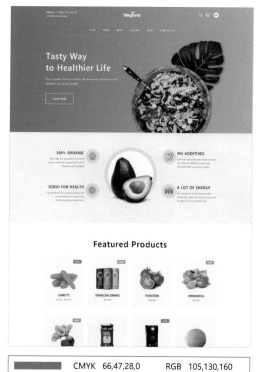

	CMYK 83,47,100,10	RGB 43,110,33
	CMYK 0,0,0,0	RGB 255,255,255

	CMYK 66,47,28,0	RGB 105,130,160
	CMYK 5,4,4,0	RGB 244,244,244
	CMYK 9,8,70,0	RGB 249,233,94

○ 同类赏析 ▲

该果蔬餐饮网站，在选购网页呈现了多种招牌产品，用规范的布局维持页面的整洁性与易读性，绿色元素的使用也简单烘托出食物的特性。

○ 同类赏析 ▲

该有机食品商店网站，其网页通过对美食的展示与介绍，推广有机食材，布局按照内容功能进行划分，展示、介绍、购买，依次递进。

○ 其他欣赏 ○　　　○ 其他欣赏 ○　　　○ 其他欣赏 ○

7.12 珠宝饰品类网站艺术设计

珠宝饰品属于奢侈品一类，所以很多珠宝电商网站的设计都比较奢华绚丽，因为珠宝本身就自带奢华，所以设计师不得不考虑如何能将网页设计与珠宝设计融合。一般珠宝网页设计中无彩色元素运用最多，下面来看看有关例子。

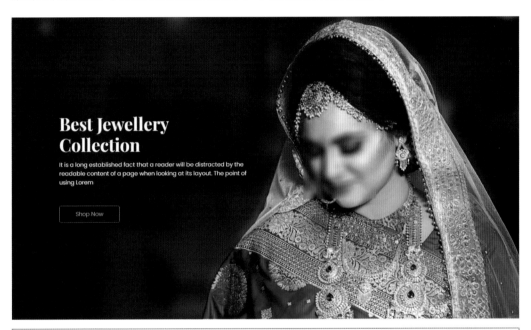

	CMYK 100,94,15,0	RGB 1,39,148		CMYK 21,29,52,0	RGB 214,186,132
	CMYK 19,58,64,0	RGB 216,133,91		CMYK 89,86,85,76	RGB 11,7,8

○ **思路赏析**

该印度珠宝首饰品牌官网，其网页设计布局简单，没有设计导航栏，如此精简是为了更好地展示珠宝，且页面会更显大气高端。

○ **配色赏析**

为了突出人物，页面以暗色调为背景色，在此映衬之下金光闪闪的珠宝愈加耀眼，与宝蓝色的服饰共同形成了华丽雍容的意象。

○ **设计思考**

珠宝饰品的展示很多时候都需要人物作为依托，印度珠宝有其独有的文化特色，如果不与民族服饰搭配很难展现其惊艳之处。

网页艺术设计

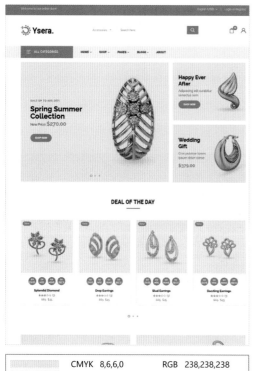

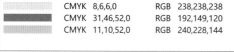

	CMYK 8,6,6,0	RGB 238,238,238
	CMYK 31,46,52,0	RGB 192,149,120
	CMYK 11,10,52,0	RGB 240,228,144

	CMYK 0,0,0,0	RGB 255,255,255
	CMYK 56,0,67,0	RGB 114,221,120
	CMYK 43,63,0,0	RGB 198,106,230

○ 同类赏析 ▲

该奢侈品珠宝网店，用浅灰色呈现黑色的文字信息和饰品，既干净又不浮夸，不会有其他色彩元素来削弱整体效果，最能体现饰品的价值。

○ 同类赏析 ▲

该钻石珠宝收藏网站，向浏览者展示并售卖有来历的珠宝，与直接销售不同，这里将网页划分为几大版块，从不同方面体现出珠宝和珠宝文化的价值。

○ 其他欣赏 ○   ○ 其他欣赏 ○   ○ 其他欣赏 ○

7.1.3 鞋类网站艺术设计

一般来说鞋类商品都和服装一起出售，不过也会出现运动鞋类、女鞋、皮鞋等电商网站，对某些鞋类重点销售。为了更好地展示商品，设计师一般会从色彩元素入手，选择与产品契合的颜色或是用无彩色进行设计。

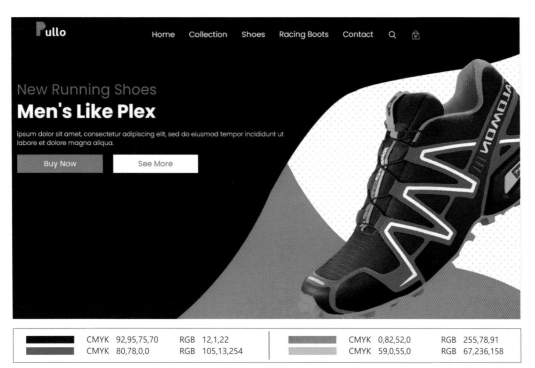

	CMYK 92,95,75,70	RGB 12,1,22		CMYK 0,82,52,0	RGB 255,78,91
	CMYK 80,78,0,0	RGB 105,13,254		CMYK 59,0,55,0	RGB 67,236,158

○ 思路赏析

该运动跑步鞋鞋企网站，其网页需要结合运动鞋的特色展现运动的魅力，向大众传播企业积极的价值观。将买卖和展示介绍结合，既可以推广品牌又促进了销量的提升。

○ 配色赏析

页面中黑色与红色搭配，既获得一种极强的视觉冲击力又能展现出一种力量感，与展示在页面中的鞋品也非常契合，隐喻在黑夜中的色彩和生机。

○ 设计思考

运动鞋是特殊的品类，有其特别的设计要求，尤其是运动鞋的线条，很多时候与舒适度和流畅度有关，所以在网页设计中也用了曲线元素，与运动鞋的线条相呼应。

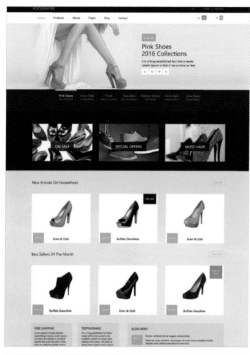

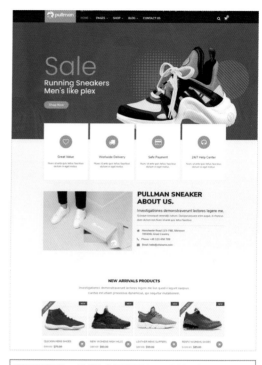

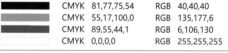

	CMYK 63,0,49,0	RGB 87,197,160
	CMYK 82,78,76,58	RGB 36,36,36
	CMYK 8,7,10,0	RGB 239,237,232
	CMYK 5,64,70,0	RGB 242,126,75

	CMYK 81,77,75,54	RGB 40,40,40
	CMYK 55,17,100,0	RGB 135,177,6
	CMYK 89,55,44,1	RGB 6,106,130
	CMYK 0,0,0,0	RGB 255,255,255

◌ 同类赏析 ▲

该女性高跟鞋商城网站，其网页主要可分为两个版块——重点展示栏和商品栏。用亮眼的草绿色做点缀，对一些重点信息进行标注，不会显得突兀。

◌ 同类赏析 ▲

该运动鞋在线商城用黑色、绿色和白色作为主色调，走年轻化路线，却并不强调个性，反而彰显出品牌的主流化和大众化。

◌ 其他欣赏 ◌　　**◌ 其他欣赏 ◌**　　**◌ 其他欣赏 ◌**

7.1.4 家具类商城艺术设计

家具类商城多是一些品牌厂商建立的，这些企业一般都具有自己的价值观和认可的生活理念。所以在设计此类网站时，设计师务必要考虑家具的设计风格和企业的文化理念。下面了解一些有特色的设计案例。

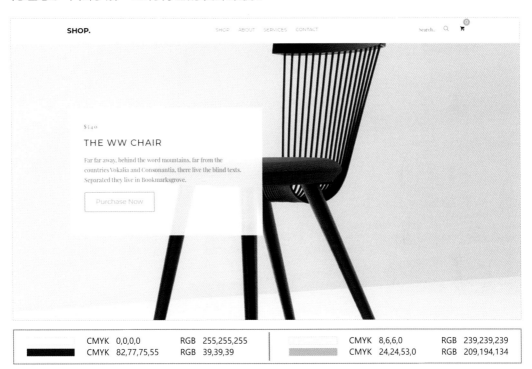

	CMYK 0,0,0,0	RGB 255,255,255		CMYK 8,6,6,0	RGB 239,239,239
	CMYK 82,77,75,55	RGB 39,39,39		CMYK 24,24,53,0	RGB 209,194,134

○ 思路赏析

该北欧建材家居官网带有明显的北欧特色，具有简约、自然、人性化的特点，其网页设计将简洁推到极致，所以设计用色极具特点。

○ 配色赏析

首页以白色和灰色为主色调，营造了一个纯净和虚无的空间，简单的家具样式在这样的空间中线条更加鲜明。

○ 设计思考

只用线条、色块来区分点缀，不着任何图案，整体完美地展现出一种宁静的北欧风情。

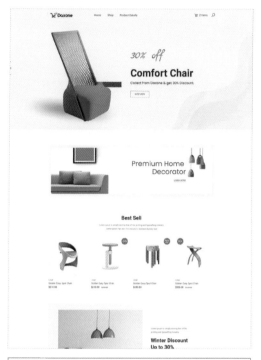

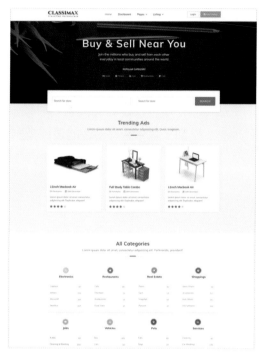

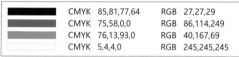

	CMYK	16,3,0,0	RGB	221,239,253
	CMYK	0,77,75,0	RGB	252,93,57
	CMYK	8,3,0,0	RGB	239,246,255
	CMYK	0,0,0,0	RGB	255,255,255

	CMYK	85,81,77,64	RGB	27,27,29
	CMYK	75,58,0,0	RGB	86,114,249
	CMYK	76,13,93,0	RGB	40,167,69
	CMYK	5,4,4,0	RGB	245,245,245

○ 同类赏析　　　　　　　　　　　▲

该简约家居电商网站，用清新的水蓝色让品牌的整
体气质都变得更加柔和，导航栏的无边框设计让页
面没那么死板，更体现出品牌追求饿设计之美。

○ 同类赏析　　　　　　　　　　　▲

该高端精品家居商城网站，特意设计了一个搜索
条形框，将企业标语展示和货物展示分开，这是
对企业形象的重视。

○ 其他欣赏 ○　　　　○ 其他欣赏 ○　　　　○ 其他欣赏 ○

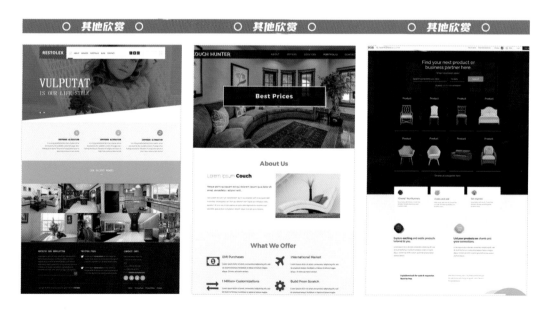

综合电商网站艺术设计

本节我们赏析了几种不同类型的电商网站作品，下面我们来对综合类的电商网站进行分析，看看有哪些设计要点。

该网站设计非常大众、接地气，同时又有一种清新感。为了方便浏览者找到心仪的商品，导航栏的设计非常重要，双重导航功能性应大大提高。

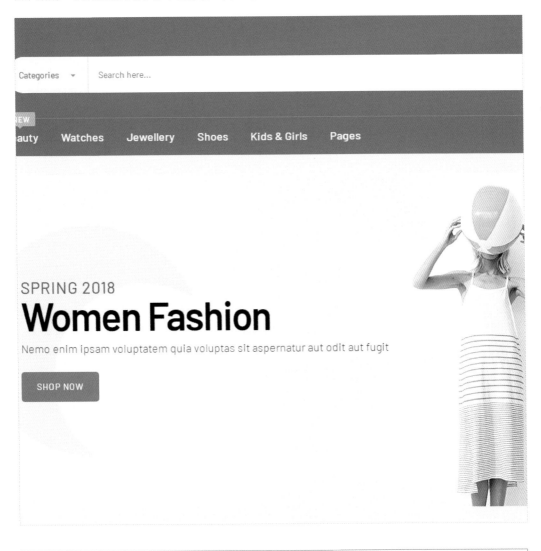

	CMYK 78,40,0,0	RGB 16,139,234		CMYK 11,27,90,0	RGB 241,196,15
	CMYK 5,4,1,0	RGB 244,245,249		CMYK 11,5,2,0	RGB 232,239,247

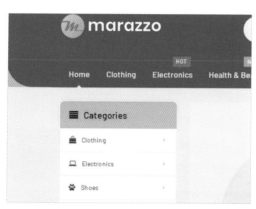

○ 结构赏析

该商城涵盖品类较多,包括服饰、电子、鞋子、手表、珠宝、运动等各品类,在首页开头部分用了横排导航栏和竖排导航栏对品类进行划分,且导航栏之下还有分支,可以帮助消费者精准定位想要的商品,非常人性化。这也是一般商城都会设计的,横竖排版可以满足不同人的浏览需要。

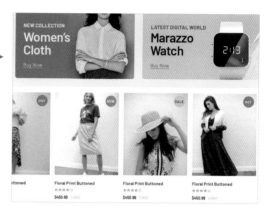

○ 配色赏析 ▶

整个网站以蓝色、白色、黄色3色作为主题色,与网站标志颜色相契合,具有代表性。在此基础上,为了展现清新而多样的美丽,设计师也用玫红、紫色、草绿色等在页面不同区块进行展现,不仅可以用颜色区分产品,还能为商城添加丰富的色彩。

◀ ○ 内容赏析

对于商品的展示,设计师用"图片+品名+评价+价格"来展示不同的商品,文字信息左对齐符合大家的阅读习惯。另外,为了对商品的卖点和属性进行区分,在商品图片右上角用圆形元素标记新品、热销商品,虽然只是一个小细节,却能帮助营销。

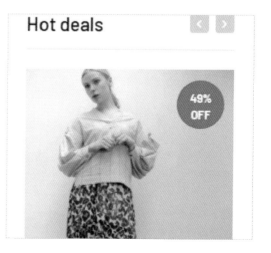

○ 内容赏析 ▶

为了不空置页面的左侧栏,利用好页面空间,设计师添加了热销商品的展示,用圆形元素体现卖点,如"折扣49%",浏览者直接点击就能进入详情页。

Floral Print Buttoned

★★★★★ (2 Reviews)

Availability: In Stock

Lorem ipsum dolor sit amet, consectetur adipiscing elit, sed do eiusmod tem enim ad minim veniam, quis nostrud exercitation ullamco laboris nisi ut aliq in reprehenderit in voluptate velit esse cillum dolore eu fugiat nulla pariatur in culpa qui officia deserunt mollit anim id est laborum.

Duis aute irure dolor in reprehenderit in voluptate velit esse cillum dolore ei cupidatat non proident, sunt in culpa qui officia deserunt mollit anim id est l

$800.00 ~~$900.00~~

Qty : 🛒 ADD TO CART

● ○ ○

◁ ○ **内容赏析**

商品详情页可分为两部分，一是文字部分，二是图片部分。文字部分以品名、具体介绍、价格为基准，品名多用加粗字体，而价格则用颜色字体突出显示。为了向浏览者展示不同的细节，多数设计师会设计一组照片轮流展示。而选择数量、添加购物车则更必不可少，购物车按钮用黄色表示，突出、醒目。

○ **其他欣赏** ○　　　　○ **其他欣赏** ○　　　　○ **其他欣赏** ○

Special Offer

‹ ›

Floral Print Shirt

★★★★☆

$450.99

Floral Print Shirt

★★★★☆

$450.99

Floral Print Shirt

★★★★☆

$450.99

ANDS

w Collections

m dolor sit amet, consectetur adipisicing elit.

Voluptatem accusantium doloremque laudantium

By Jone Doe | 21 March 2016

Sed quia non numquam eius modi tempora incidunt ut labore et dolore magnam aliquam quaerat voluptatem.

7.2 休闲生活类网页设计

为了满足人们日常生活中的各种需求，有很多专门的网站致力于向消费者提供有针对性的服务，如资讯类门户网站、婚恋交友网站、医疗网站等，这些指向性极强的网站，其设计风格也自成一体，需要设计者从实践中激发创作灵感。

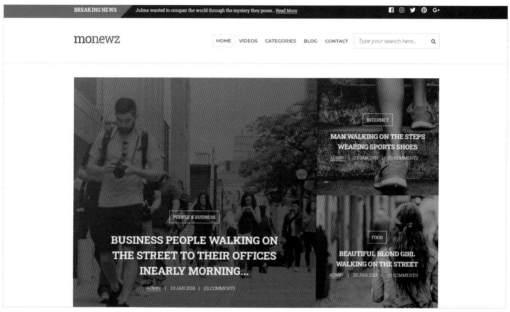

7.2.1 门户网站艺术设计

所谓门户网站，是指提供某类综合性互联网信息产品并提供有关信息服务的应用网站。简而言之，门户网站就是一个信息管理平台，并以统一的用户界面将信息提供给用户。设计师要注意资讯信息在网页中的显示效果，包括是否有吸引力，是否会造成网页的杂乱，信息是否归类等。

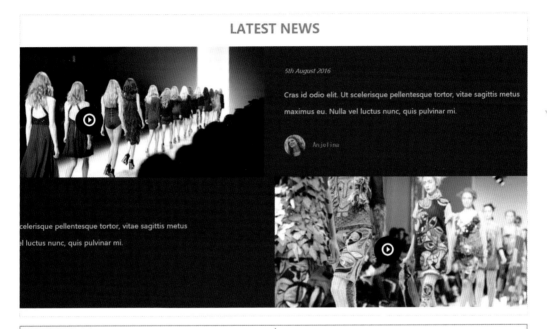

	CMYK 82,79,77,60	RGB 35,33,33		CMYK 0,87,39,0	RGB 255,58,106
	CMYK 0,0,0,0	RGB 255,255,255			

○ 思路赏析

该女性时尚门户网站将有关女性时尚的资讯集中展现，目标对象明确，所以内容与风格要保持统一。

○ 配色赏析

用黑色作为背景色来体现时尚感，为页面营造冷酷、高级的氛围，而花花绿绿的时尚元素都被黑色背景所包容。

○ 设计思考

由于汇聚了各方面的时尚信息，所以对信息的分类展示就显得尤为重要，如对时尚单品的介绍、最新的服装秀等，这些信息都需要通过不同的版块来展现。

| | CMYK | 63,8,93,0 | RGB | 106,184,60 |
| | CMYK | 6,4,4,0 | RGB | 243,243,243 |

	CMYK	55,9,12,0	RGB	118,197,226
	CMYK	68,13,8,0	RGB	56,182,230
	CMYK	20,1,5,0	RGB	214,238,246

○ 同类赏析 ▲

该农业门户网站，以绿色为网页的主色，绿色、健康、生态，这些信息以色彩传递的方式展示出来，各类资讯的排列也大胆运用了不同版式。

○ 同类赏析 ▲

该摄影图库门户网站，首先在导航栏中对图片类型进行分类，然后用九宫格模式展示图片，整个网页版面没有多余的文字，而是被图片的海洋淹没。

○ 其他欣赏 ○　　　　○ 其他欣赏 ○　　　　○ 其他欣赏 ○

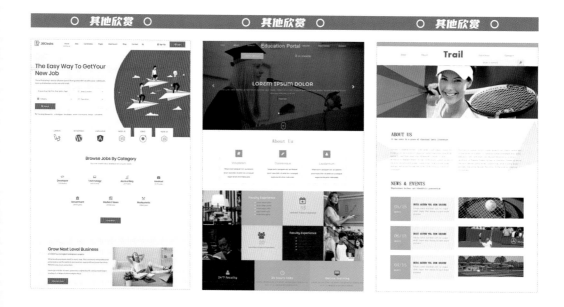

7.2.2 旅游类网站艺术设计

　　旅游是很多人生活中必不可少的一项活动，这项活动可以让人摆脱生活琐事和工作的困扰。但是，旅游前我们通常会做些准备，如订酒店、订机票、查路线等，需要提供这些资讯和服务的网站来满足我们的需求。因此，旅游类网站是功能性和展示性齐备的网站，需要设计师同时满足这两个属性。

	CMYK 72,4,38,0	RGB 28,187,180		CMYK 50,7,12,0	RGB 135,204,227
	CMYK 43,9,69,0	RGB 167,201,108		CMYK 5,21,44,0	RGB 248,214,155

○ 思路赏析

该旅游服务网站可向爱好旅游的消费者提供非常全面的服务，包括旅游攻略、交通服务、订票服务、酒店服务等。因此，其在首页便展示了这几个服务窗口，方便用户操作。

○ 配色赏析

青碧色一般用来展示山色、烟色、天色，用作旅游网站的主色非常合适，可与广阔的碧海蓝天相应和，凸显一种自然的美。

○ 设计思考

用各地的地标建筑和飞机体现旅行的穿越感，图片下方设计了4项基本服务的操作小窗口，用户可借此进行这些服务的初始操作，然后进入相应页面，直接的操作窗口非常人性化。

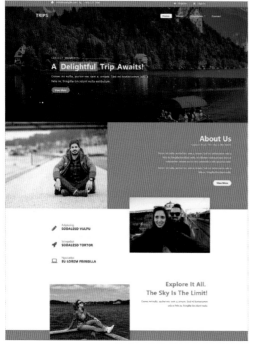

	CMYK 0,81,26,0	RGB 255,79,129
	CMYK 0,0,0,0	RGB 255,255,255

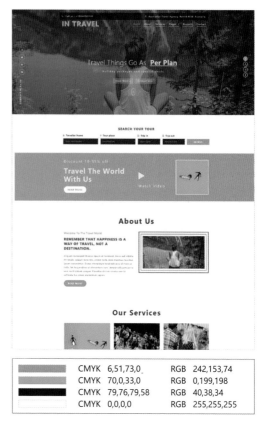

	CMYK 6,51,73,0	RGB 242,153,74
	CMYK 70,0,33,0	RGB 0,199,198
	CMYK 79,76,79,58	RGB 40,38,34
	CMYK 0,0,0,0	RGB 255,255,255

○ 同类赏析 ▲

该旅游景区官网网站，首先展示出大幅风景图以吸引人的眼球，然后介绍各种资讯，接着用图片墙的形式展示各种图片，这对景区是另一种营销。

○ 同类赏析 ▲

该假日旅行网站的服务性注定了其设计方向以实用为主，号召性的文字，服务介绍，独一无二的定制筛选框都可增强网站的吸引力。

○ 其他欣赏 ○　　**○ 其他欣赏 ○**　　**○ 其他欣赏 ○**

7.2.3 婚恋交友类网站艺术设计

婚恋交友类网站是专为有交友和恋爱需求的人搭建的社交平台，通过网络可以与不同的人进行沟通，因此其具有广泛性、互通性、娱乐性、经济性、安全性等优点。设计该类网站时，一般要控制好注册条件、人物展示界面这两个重要部分。

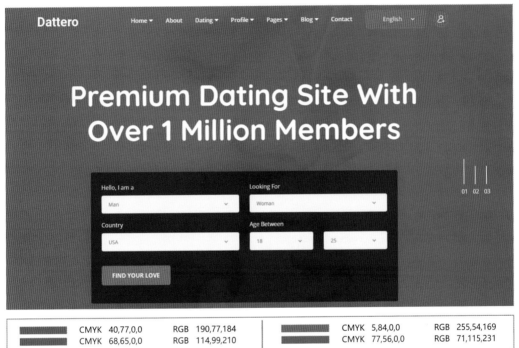

	CMYK 40,77,0,0	RGB 190,77,184		CMYK 5,84,0,0	RGB 255,54,169
	CMYK 68,65,0,0	RGB 114,99,210		CMYK 77,56,0,0	RGB 71,115,231

○ 思路赏析

该婚恋交友平台网站以促进用户之间的交流为基本服务项目，所以用户注册的窗口设计尤为重要。在首页前端就展现注册窗口，直接、人性化，有利于提高客户转化率。

○ 配色赏析

页面以暖昧的紫色和粉色为主色，两色交织烘托出整个网站的浪漫氛围。按钮用粉色传递出美好和甜蜜，给前来注册的用户一些心理暗示。

○ 设计思考

首页背景图是一对情侣在亲吻，其甜蜜的笑容可以向所有浏览者暗示网站的效果。注册条件包括性别、国家、年龄几项，简洁的设计让注册变得更加容易，不会让人望而却步。

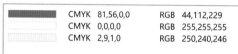

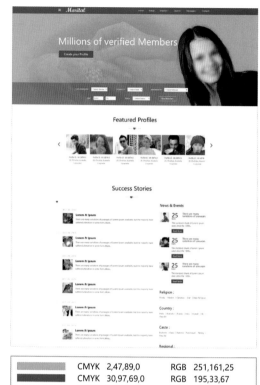

	CMYK 81,56,0,0	RGB 44,112,229
	CMYK 0,0,0,0	RGB 255,255,255
	CMYK 2,9,1,0	RGB 250,240,246

	CMYK 2,47,89,0	RGB 251,161,25
	CMYK 30,97,69,0	RGB 195,33,67
	CMYK 0,0,0,0	RGB 255,255,255

○ 同类赏析 ▲

该婚恋交友网站的会员详情界面，对其会员的基本信息、爱好、亮点生活进行了介绍，巧妙地运用了多种形式，包括表格、图文对应、图片排列等。

○ 同类赏析 ▲

该相亲交友类网站，将交友条件导航栏直接呈现在首页，方便操作，然后在下方设计了特色简介栏以提供一些会员资料，让用户清楚自己的选择范围。

○ 其他欣赏 ○　　　**○ 其他欣赏 ○**　　　**○ 其他欣赏 ○**

7.2.4 医疗保健类网站艺术设计

随着网络和电商的发展，越来越多的医疗保健网站开始为广大用户提供医疗服务，而针对医药这一特殊行业，设计师要注意网站的整体画风，以冷静、简洁的方式塑造卫生、专业的网站形象。

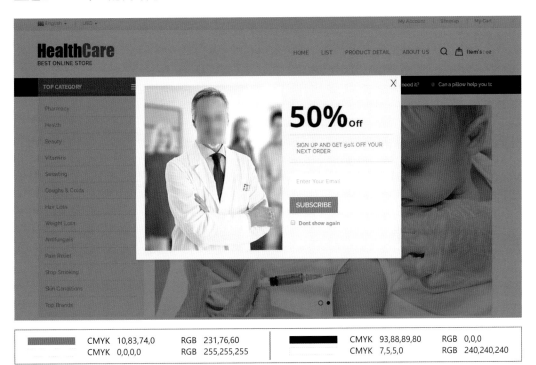

	CMYK	10,83,74,0	RGB	231,76,60		CMYK	93,88,89,80	RGB	0,0,0
	CMYK	0,0,0,0	RGB	255,255,255		CMYK	7,5,5,0	RGB	240,240,240

○ 思路赏析

该健康医疗保健网站致力于向有医疗需求的客户提供相应的服务，包括药品售卖、健康咨询、健康小知识等，各种信息集中在网页上需要设计师统一进行规划，尤其是导航栏的设计要合理。

○ 配色赏析

由于公司的主题色为黑色和橘色，所以网站使用最多的颜色便是橘色和黑色，以白色为网站背景色，用黑色和橘色两色点缀，同时两色对比也能带来视觉上的冲击力。

○ 设计思考

在打开网页时，设计一个自动跳出的对话框，将注册的优惠条件以特殊的方式提供给客户，可以吸引相关人员注册。整个版面可分为3个部分，左侧导航栏、右侧信息栏和上方横条信息栏。

网页艺术设计

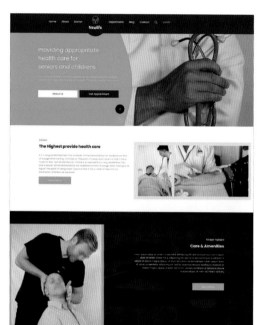

	CMYK 73,0,83,0	RGB 3,191,89
	CMYK 81,76,67,43	RGB 49,50,56
	CMYK 0,0,0,0	RGB 255,255,255

	CMYK 24,3,6,0	RGB 204,232,243
	CMYK 70,0,48,0	RGB 0,201,167
	CMYK 86,78,52,18	RGB 54,65,90
	CMYK 0,0,0,0	RGB 255,255,255

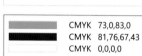 ○ 同类赏析 ▲

该医疗保健网站，用绿色和黑色对比，可以透露生命的希望这样美好的含义。导航栏设计别具一格，将企业名放在中间，而不是左侧开头。

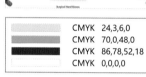 ○ 同类赏析 ▲

该医疗保健用品网站，主要对一些常见的医药用品进行售卖，其页面分为几大部分，即打折推荐、品类划分、新到产品、其他信息，以方便选购。

7.2.5 游戏类网站艺术设计

游戏类网站的类型有很多，包括在线游戏网站、游戏网站官网、综合性游戏网站，不同的网站，其重点内容不同，有的网站侧重于游戏资讯，有的侧重于游戏的在线操作，有的侧重于各类游戏的介绍。设计师针对不同的游戏网站，设计上要有差别，要突出其重点内容。此外，游戏元素应该在网页中贯穿于始终，为用户建立一条完整的游戏链条。

	CMYK 61,21,0,0	RGB 91,178,252		CMYK 0,47,66,0	RGB 255,166,89
	CMYK 38,56,0,0	RGB 184,129,207		CMYK 55,0,32,0	RGB 88,235,211

○ **思路赏析**

该手机游戏门户网站，面向游戏爱好者，其网页设计符合游戏的画风，并不让人觉得沉闷。一般来说，这类网站应尽可能地向用户展示更多的游戏元素。

○ **配色赏析**

设计师运用多种设计方式丰富了页面，而低饱和度的各种颜色搭配在一起，冲击力不强，同时又能互相区别，让页面充满活力。

○ **设计思考**

用游戏海报作为首页主图，能够简单而直接地得到游戏用户的喜爱，将导航栏嵌在图片上，弱化了结构，使整个页面在视觉上更流畅，易于浏览。

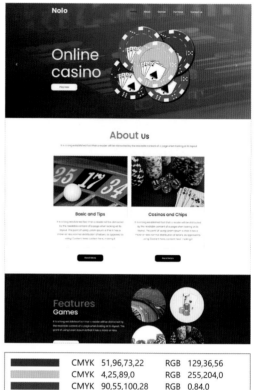

	CMYK	100,96,28,0	RGB	3,28,144
	CMYK	5,4,4,0	RGB	244,244,244
	CMYK	9,94,41,0	RGB	233,30,99
	CMYK	0,0,0,0	RGB	255,255,255

	CMYK	51,96,73,22	RGB	129,36,56
	CMYK	4,25,89,0	RGB	255,204,0
	CMYK	90,55,100,28	RGB	0,84,0
	CMYK	92,75,0,0	RGB	0,0,255

○ 同类赏析 ▲

该游戏体验网站为游戏爱好者提供了多种游戏，并利用动态效果循环展示不同类别的游戏，以供用户挑选。

○ 同类赏析 ▲

该扑克纸牌游戏网站，利用多彩的颜色增强游戏的吸引力和趣味性。在首页设置"play now"的按钮方便游戏爱好者直接操作。

○ 其他欣赏 ○　　　○ 其他欣赏 ○　　　○ 其他欣赏 ○

深度
解析 **餐饮酒店类网站艺术设计**

本节我们赏析了与个人生活有关的各类网站，涵盖交友玩乐各方面，这其中的酒店或餐饮类网站，当然要重点分析。

我们选择的酒店度假别墅网站，对于热爱旅游的人来说并不陌生。为了营造网站的格调，设计师从字体、色调、内容选择等各方面入手，努力做到别具一格。下面来具体分析其具有哪些设计上的亮点。

	CMYK 82,57,49,3	RGB 57,103,119		CMYK 6,80,44,0	RGB 240,84,106
	CMYK 55,96,87,42	RGB 98,26,32		CMYK 51,60,75,5	RGB 145,110,76

○ 内容赏析

对酒店的服务进行介绍时，设计师采用圆形图片框展示服务细节，再加上简单的文字描述，这样就一目了然，且从组合整体来看，具象小卡片般有序排列，在视觉上可给人一种整齐的观感，让客户对酒店的专业性产生信赖感。

○ 配色赏析

由于度假地在海边，所以这家临海酒店的色调以素雅、大气为基准，背景色为包容性非常强的白色，给设计师提供很大的用色空间。另外，在选择宣传图片时，设计师也多用游泳池、海边风景等此类意象，用蓝色元素暗示大海。可以注意到，玫红色点缀在整个网页，为页面添加了梦幻般的色彩。

○ 内容赏析

在首页，对酒店套房规格的介绍是非常重要的，客户进入酒店网站订房时首先便要选择房间规格。设计师在网页中展示了3种套房规格，并按照图文对应的方式，将价格数字放大，突出客户最关心的内容，然后依次罗列3个套间特点，以方便客户选择。

○ 配色赏析

对好评、满意客户数量这类对于企业宣传有正面影响的数据，设计师采用了特殊的展示方式，即以酒店标志性地点为背景，将数据展示框透明化，简单的数据既清晰可见，又不会让人觉得单调。

Comments

Joseph Goh
Lorem ipsum convallis diam consequat magna vulputate mals cursus eros. Cras a ornare elit.

Goh James
Lorem ipsum convallis diam consequat magna vulputate malesuad cursus eros. Cras a ornare elit.

Leave a Comment

Name

Email

◀ ○ **内容赏析**

这是某酒店网站特别推出的博客页面，其收集了不同客户上传的入住体验和建议，用居中式的排版布局给予了浏览者足够的留白空间，浏览者不会因为满屏都是文字，阅读时觉得沉闷。博客内容包括3个部分，即正文部分、评论部分和提交评论部分。而且各个部分都留有足够的过渡空间。

○ 其他欣赏 ○　　○ 其他欣赏 ○　　○ 其他欣赏 ○

Why Villas

didunt ut labore et dolore magna aliqu.
quis nostrud exercitation

ow Price　　　　　　Secure Zo
d minima veniam,　　　Ut enim ad minim
ullam corporis　　　　quis nostrum ul'
riosam.　　　　　　suscipit

ur Guests Love
or incididunt ut labore et dolore magna aliqua. Ut
quis nostrud exercitation

Mariana Noe
Italy
★ ★ ★ ★ ☆

Lorem ipsum dolor sit amet,
consectetur adipiscing elit sed
do eiusmod tempor.

Your Every Moments
Partner In Villas Par
Resort

Book Now

7.3 文化艺术类网页设计

对于很多有更高追求的人来说，吃喝玩乐并不能满足其个人需求，对文化艺术的欣赏已经融入其自身生活中，这些人一般会寻找文化艺术类网站浏览。现如今，这类网站的发展已经非常成熟了，而其网站设计也更具独特风格。

7.3.1 音乐类网站艺术设计

音乐类网站泛指提供各种音乐作品以供用户在线试听或下载的一类网站，不同类型的音乐网站其设计会根据内容的侧重有很大差别，有深邃摇滚风、清新自然风、复古经典风等，这些设计都具有艺术表达性。下面来看一些不错的案例。

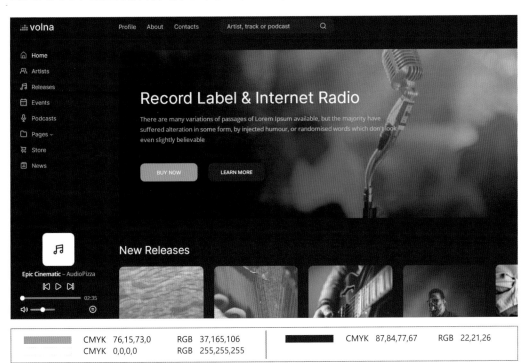

	CMYK 76,15,73,0	RGB 37,165,106		CMYK 87,84,77,67	RGB 22,21,26
	CMYK 0,0,0,0	RGB 255,255,255			

○ **思路赏析**

该娱乐音乐资讯发布平台网站，可为音乐爱好者提供各种音乐作品的资讯以及买卖服务，设计师在设计时塑造了属于该网站的独一无二的风格。

○ **配色赏析**

页面以黑色为主色，整个网站充满了神秘、暗黑、疏离的气息，绿色元素运用于按钮、图形符号上，不仅维持了高级感，还缓解了压抑的感觉。

○ **设计思考**

由于网站提供的内容较为丰富，所以导航栏的设计尤为重要。用符号+文字的形式进行导航，不仅非常生动，而且不失功能性。左窄右宽的两栏式设计，让浏览者的操作变得更容易。

	CMYK	77,17,56,0	RGB	2,163,136
	CMYK	3,84,21,0	RGB	245,71,133
	CMYK	0,0,0,0	RGB	255,255,255

	CMYK	49,39,92,0	RGB	154,148,54
	CMYK	11,11,76,0	RGB	244,226,77
	CMYK	83,79,83,66	RGB	28,27,23

○ 同类赏析 ▲

该音乐活动专题网站，更像提供各种服务的资讯平台，玫红和深绿色搭配给人一种油画的艺术感，导航栏设置在展示图片下方，让人耳目一新。

○ 同类赏析 ▲

该个人音乐网站设计非常有个人风格，整体以黄色为主色，与黑色搭配突出一种典雅与舒缓之类，具有鲜明的特色。

○ 其他欣赏 ○　　　　○ 其他欣赏 ○　　　　○ 其他欣赏 ○

7.3.2 教育类网站艺术设计

　　教育类网站是提供教学、招生、学校宣传、教材共享的网站，网站设计在一定程度上代表着教育机构的形象，并可为其带来更多的生源。教育机构往往更加注重网页是否能体现自己的教育特色、教育理念和机构环境，设计时一定要注意动态效果的运用，尽量避免枯燥的宣传介绍。

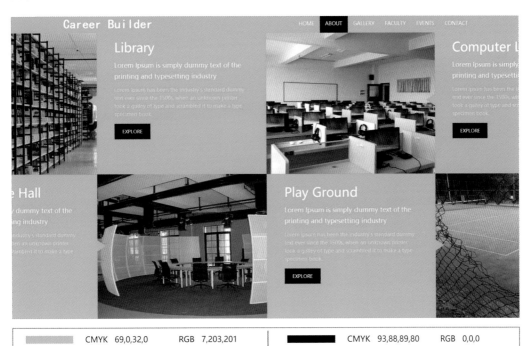

	CMYK 69,0,32,0	RGB 7,203,201		CMYK 93,88,89,80	RGB 0,0,0

○ 思路赏析

该国外教育学院网站，致力于全方位提高学生各项素质，在首页对学院的学生和设施数据、师资力量、教学成果、图库等进行展示，让浏览者能全方位地了解学院全貌。

○ 配色赏析

页面用碧蓝色作为主色，给人一种放松感，鲜明的颜色突出了网站的特殊性，能够强化教育品牌的形象。以黑色点缀页面，通过无彩色的凸显了品牌的专业性。

○ 设计思考

网站首页展示了学院内各处设施和场地，用图文穿插的方式赋予页面一种律动感，变化的信息模式，不会让人觉得千篇一律。

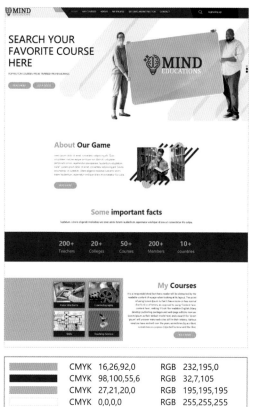

	CMYK	16,26,92,0	RGB	232,195,0
	CMYK	98,100,55,6	RGB	32,7,105
	CMYK	27,21,20,0	RGB	195,195,195
	CMYK	0,0,0,0	RGB	255,255,255

	CMYK	9,96,46,0	RGB	234,11,91
	CMYK	27,96,22,0	RGB	203,18,122
	CMYK	46,92,0,0	RGB	170,26,157
	CMYK	72,85,0,0	RGB	123,36,193

○ 同类赏析 ▲

该课程教育辅导网站，以蓝色和黄色为主色，跳跃的色彩让很多信息的表达更加有趣，并突出了品牌形象。

○ 同类赏析 ▲

该教育信息网页，采用无边框的设计方式，页面整洁自然，鲜艳的图片边框和文字标题，会聚了浏览者的视觉焦点，在白色背景中十分醒目。

○ 其他欣赏 ○　　　**○ 其他欣赏 ○**　　　**○ 其他欣赏 ○**

深度解析 新闻类网站艺术设计

　　本节我们赏析了文化艺术类的有关网站，新闻网站也属于这一类别，是指以各种新闻为主要内容的网站。

　　PopSugar为国外的娱乐新闻网站，网站提供健身、美食、时尚、美容、娱乐、亲子、视频和社交类新闻。该网站设计以简约为主，没有任何多余的元素。

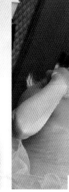
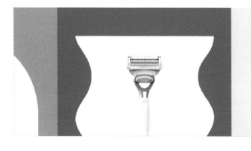

	CMYK 0,0,0,0	RGB 255,255,255		CMYK 70,59,49,3	RGB 98,105,115
	CMYK 35,0,7,0	RGB 174,236,251		CMYK 82,65,0,0	RGB 61,94,189

◯ 结构赏析

在该新闻网站，设计师采用图文结合的方式来展示大部分新闻。从图中可以看到设计的细节，即新闻的归类，在图片下方留出一小部分长方形区域告诉浏览者该则新闻属于"food news"，不显眼也不多余。

◯ 配色赏析

网站以白色为背景色，能够包容大量的新闻图片和文字，并能融合不同的图片颜色。对蓝色的运用是该网站的一大特色，设计师用不同的蓝色来区别新闻类别、作者信息、标签图形、按钮边框等内容，极具统一性和连贯性，网页内容大气、自然。

You May Also Like

◯ 内容赏析

网站首页被设置成无限循环展示网页，这样可以减少浏览者翻页的操作，让其更流畅地浏览新闻。当然，为了让浏览者有停顿的空隙，网页专门设计了"load more"按钮，操作简单方便、人性化。

◯ 内容赏析

网页采用无边框设计方式，无论是文字还是图片都直接展示在页面中，没有添加边框元素。用自然整齐的空隙来分隔不同的新闻，既设计感十足，又减少了不必要元素的干扰。

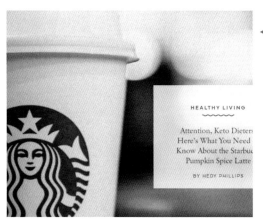

◀ ○ **内容赏析** ∿

在大量新闻信息并排呈现时，设计师为提升浏览者的视觉体验，会在中间穿插长条形新闻展示结构，并留出较大区域只展示一则新闻内容，这样浏览者就不会觉得被大量信息"轰炸"。这种展示结构将新闻展示图片放大，并将文字信息嵌入图片内，结构简单自然。

○ **其他欣赏** ○　　　○ **其他欣赏** ○　　　○ **其他欣赏** ○

Now You Know

ENTERTAINMENT NEWS

MTV VMAs Announce 2021 Performers, and They Include Chlöe, Lil Nas X, and More

by KELSIE GIBSON　13 Hours Ago

ENTERTAINMENT NEWS

Can Tessa and Hardin Repair Their Romance? The Latest After We Fell Clip Hints at a Maybe

by KELSIE GIBSON　14 Hours Ago

ENTERTAINMENT NEWS

The Cast of Spider-Man: No Way Home Is Shaping Up to Be a Major Marvel Crossover Event

by AMANDA PRAHL　14 Hours Ago

GET DAILY FITNESS INSPIRATION RIGHT IN YOUR INBOX

Enter Email...

By signing up, I agree to the Terms and Privacy Policy and to receive emails from POPSUGAR.

Subscribe

Popsugar › Fitness › Workout Clothes › The Best Athletic Skorts For Women

Here Are 11 Reasons You Need an Atl in Your Life

As POPSUGAR editors, we independently select and write about stuff we love and think you'll like too. If you buy a product we have recommended, we may receive affiliate commission, which in tur supports our work.

　August 23, 2021
by INDIA YAFFE

View On One Page

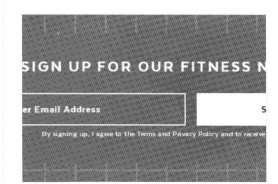

SIGN UP FOR OUR FITNESS N

er Email Address　　　　S

By signing up, I agree to the Terms and Privacy Policy and to receive

7.4 其他类型网页设计

对于日常生活中涉及的其他网站类型，设计人员也要有所涉猎，以扩充自己的素材库，从而针对不同的主题设计出与之相符的作品。本小节将介绍科技网站、个人网站、在线视频网站等特色网站设计知识。

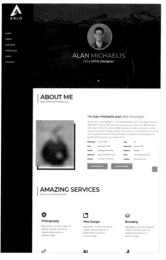

科技类网站艺术设计

一些新兴的科技公司和科技信息媒体平台，为很多技术型人才提供服务，其网站的专业性很强，内容有一定的指向性和难度，所以网站艺术设计一定要符合公司或平台的调性，图片的选取也要尽量突出专业性。

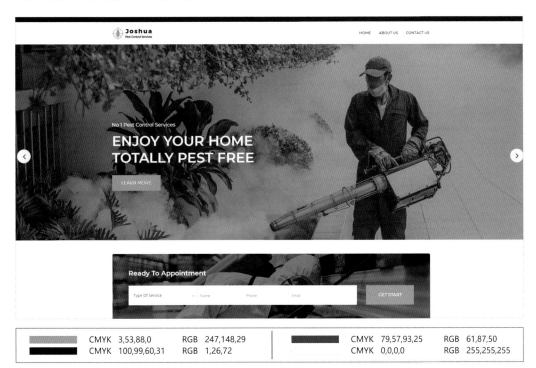

	CMYK 3,53,88,0	RGB 247,148,29		CMYK 79,57,93,25	RGB 61,87,50
	CMYK 100,99,60,31	RGB 1,26,72		CMYK 0,0,0,0	RGB 255,255,255

○ 思路赏析

该农业除虫科技公司网站，首页用大图展示工作状态、使用设备，可给浏览者留下一种整体印象。白色的宣传标语显示在图片上，简洁凝练。

○ 配色赏析

页面以橙色与深蓝色为主色，与公司名称和标志相呼应，并塑造企业的整体形象。暖色调与冷色调的对比，为整个页面增添了灵动的层次感。

○ 设计思考

在首页突出位置设计了预约服务的窗口，在页面中成为独立的版块，非常人性化，且该区域两旁的留白重点突出了窗口部分，由此可见设计师的良苦用心。

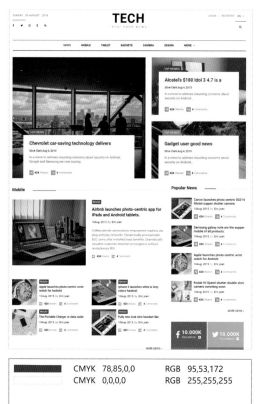

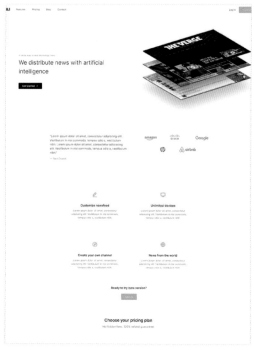

| | CMYK 78,85,0,0 | RGB 95,53,172 |
| | CMYK 0,0,0,0 | RGB 255,255,255 |

	CMYK 65,0,71,0	RGB 0,230,118
	CMYK 93,88,89,80	RGB 0,0,0
	CMYK 0,0,0,0	RGB 255,255,255

○ 同类赏析 ▲

该互联网科技媒体网站，可提供很多互联网技术资讯。设计师运用了多种不同的排版方式，以对纷杂的资讯进行罗列展示。

○ 同类赏析 ▲

该人工智能科技网站，其无边框式的极简风格，十分契合未来社会的发展趋势。绿色元素的点缀给人希望之意，阅读时也让人感觉舒适。

○ 其他欣赏 ○　○ 其他欣赏 ○　○ 其他欣赏 ○

7.4.2 个人类网站艺术设计

个人网站一般指个人或团体因某种兴趣、拥有某种专业技术、提供某种服务或把自己的作品、商品展示销售而制作的具有独立空间域名的网站。所以个人网站艺术设计不受约束，设计师有很大的发挥空间。

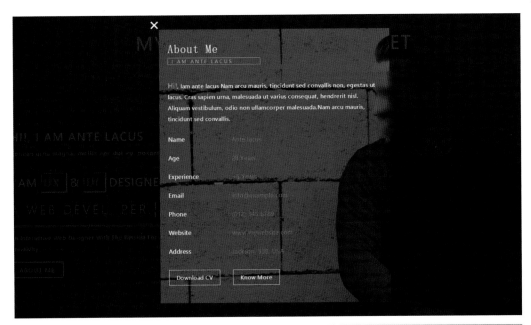

	CMYK	85,60,63,16	RGB	42,88,89		CMYK	56,100,89,47	RGB	91,6,25
	CMYK	12,34,84,0	RGB	236,183,49		CMYK	4,80,87,0	RGB	241,85,36

○ 思路赏析

该图文个人网站其网页非常简约，主页为横屏设计，只展示了一张个人生活照和基本介绍，而简略的信息保证了信息的精准性。

○ 配色赏析

孔雀绿的背景色，有一种低调的华丽感，与网页的整体格调很搭配。其间点缀了一些玫红、黄色及橙色元素，为页面带来一丝亮丽和暖意，平衡了页面的冷调。

○ 设计思考

与其他下拉网页不同，该个人网站没有设计下拉内容，点击"About Me"按钮会弹出新的页面，这样的设计比起一览无遗的展示，更能激发浏览者的好奇心。

	CMYK 66,28,37,0	RGB 97,157,161
	CMYK 0,0,0,0	RGB 255,255,255
	CMYK 70,62,59,10	RGB 94,94,94

	CMYK 23,13,10,0	RGB 206,215,223
	CMYK 59,10,83,0	RGB 118,184,82
	CMYK 83,74,64,34	RGB 50,59,67

○ 同类赏析 ▲

该户外个人博客将图片和标语分开展示，用纯色背景加以突出，既淡雅又复古。页面以图片为吸睛点，文字使用最小字号以免喧宾夺主。

○ 同类赏析 ▲

该个人技能介绍网站，通过不同的纯色背景将网页划分为几个区域，灰色、绿色、深灰都给人以冷静的印象，对于个人形象的塑造有辅助作用。

深度解析 在线视频类网站艺术设计

本节我们赏析了科技类网站、个人网站，对不同类型的网站设计都有所介绍，以力争打开读者的思路。下面接着来认识一下视频网站。

HuLu是美国的一个视频网站，在国外非常受欢迎，网站内容非常丰富，并且没有广告页面，所以简洁高效。那么，其还有哪些魅力呢？

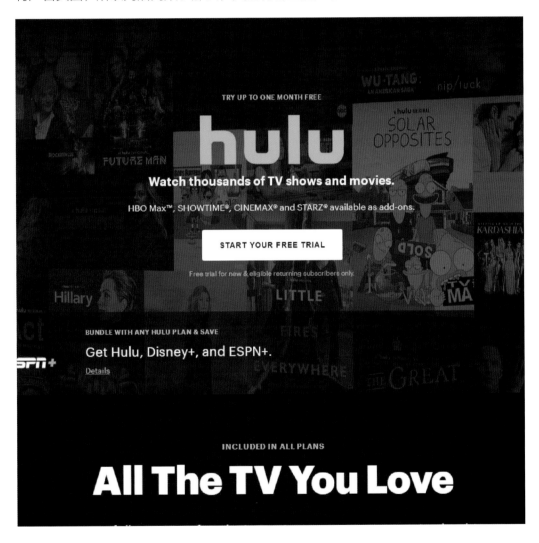

	CMYK 0,0,0,0	RGB 255,255,255		CMYK 63,0,66,0	RGB 28,231,131
	CMYK 93,88,89,80	RGB 0,0,0			

○ 结构赏析

Hulu视频网站中包含了两大受欢迎的视频内容，一是TV，二是体育直播。TV版面横向排列了4类视频类型，分别是电视节目、热门电影、Hulu原创和额外收费系列。图文结合的方式能直观地介绍浏览者其感兴趣的内容，且首页简约、神秘，不会看到大量视频堆积。

○ 内容赏析 ▶

体育直播版面设计了专属于该版面的导航栏，包含3个内容，即体育直播、爆炸性新闻、重大赛事，通过对字体粗细的设置来展示选项内容。主体内容仍然是常见的左文右图排版，值得注意的是，背景的赛事图很好地烘托出热烈的氛围且不抢眼。

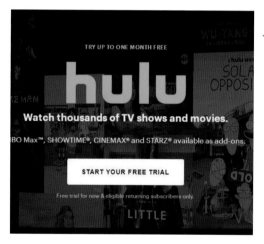

◀ ○ 配色赏析

Hulu视频的标志颜色为绿色，所以在网站中可以随处看到绿色元素的点缀，包括按钮、内容标题、边框元素等，而整个网站的背景色为黑色，与绿色搭配，极具科技感，也符合现代审美习惯。

○ 内容赏析 ▶

由于Hulu是付费视频网站，所以为客户提供了购买服务的相关内容。为了方便客户了解和阅读，特意设计为表格样式，使纯文字信息的表达变得更加脉络清晰。

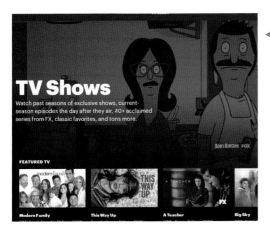

○ **内容赏析**

该电视节目主题视频页面，罗列了各类电视节目，包括独家系列、本季剧集、好评剧集、经典热门剧集等，每一类节目都用横向排列的方式展示，从整体视觉上看就像一串平行线，规律、整齐、有序。在页面开始区域，使用热门剧集海报作为背景，对电视爱好者极具吸引力。

○ 其他欣赏 ○　　　○ 其他欣赏 ○　　　○ 其他欣赏 ○

Sonny Boy, Season 1

It was an ordinary summer vacation, until Nagara's high school mysteriously another dimension. The new anime series *Sonny Boy* follows him and his clas they develop strange new powers and form new rivalries. Will they survive the environment—and each other?

Discover the Best Anime Shows Streaming on Hulu

New Movies on Hulu

Vacation Friends

When wild partiers Ron (John Cena) and Kyla (Meredith Hagner) meet straight-Marcus (Lil Rel Howery) and Emily (Yvonne Orji) on vacation in Mexico, they, le make some crazy memories.

It's all "what happens in Mexico, stays in Mexico," until Ron and Kyla show up Marcus and Emily's wedding months later. Find out what happens when the hi comedy movie *Vacation Friends* premieres on Friday, August 17.

Check out more Summer Vacation Movies on Hulu

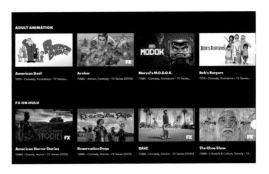

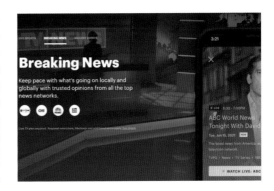

色彩搭配速查

　　色彩搭配是指对色彩进行选择组合后以取得需要的视觉效果，搭配时要遵守"总体协调，局部对比"的原则。本书最后列举一些常见的色彩搭配，供读者参考使用。

○ 柔和、淡雅

CMYK 4,0,28,0 CMYK 23,0,7,0 CMYK 0,29,14,0	CMYK 0,29,14,0 CMYK 7,0,49,0 CMYK 24,21,0,0
CMYK 45,9,23,0 CMYK 0,28,41,0 CMYK 0,29,14,0	CMYK 0,52,58,0 CMYK 0,74,49,0 CMYK 0,29,14,0
CMYK 0,29,14,0 CMYK 0,0,0,0 CMYK 46,6,50,0	CMYK 0,28,41,0 CMYK 4,0,28,0 CMYK 45,9,23,0
CMYK 56,5,0,0 CMYK 0,0,0,0 CMYK 23,0,7,0	CMYK 24,0,31,0 CMYK 45,9,23,0 CMYK 4,0,28,0

○ 温馨、清爽

CMYK 0,28,41,0 CMYK 27,0,51,0 CMYK 23,18,17,0	CMYK 0,29,14,0 CMYK 24,21,0,0 CMYK 24,0,31,0
CMYK 23,0,7,0 CMYK 23,18,17,0 CMYK 27,0,51,0	CMYK 24,21,0,0 CMYK 0,29,14,0 CMYK 23,0,7,0
CMYK 27,0,51,0 CMYK 0,0,0,0 CMYK 43,12,0,0	CMYK 24,0,31,0 CMYK 0,0,0,0 CMYK 59,0,28,0
CMYK 24,21,0,0 CMYK 0,0,0,0 CMYK 43,12,0,0	CMYK 45,9,23,0 CMYK 0,0,0,0 CMYK 27,0,51,0

○ 可爱、快乐

CMYK 59,0,28,0 CMYK 29,0,69,0 CMYK 1,53,0,0	CMYK 0,54,29,0 CMYK 0,0,0,0 CMYK 0,28,41,0
CMYK 48,3,91,0 CMYK 0,52,91,0 CMYK 4,25,89,0	CMYK 0,96,73,0 CMYK 0,0,0,0 CMYK 0,52,58,0
CMYK 50,92,44,1 CMYK 29,14,86,0 CMYK 66,56,95,15	CMYK 25,47,33,0 CMYK 7,0,49,0 CMYK 70,63,23,0
CMYK 0,74,49,0 CMYK 10,0,83,0 CMYK 74,31,12,0	CMYK 78,28,14,0 CMYK 23,18,17,0 CMYK 0,74,49,0

○ 活泼、生动

CMYK 0,74,49,0 CMYK 8,0,65,0 CMYK 48,4,72,0	CMYK 70,63,23,0 CMYK 0,0,0,0 CMYK 0,54,29,0
CMYK 0,52,91,0 CMYK 30,0,89,0 CMYK 27,88,0,0	CMYK 48,3,91,0 CMYK 0,0,0,0 CMYK 0,73,92,0
CMYK 0,52,91,0 CMYK 10,0,83,0 CMYK 78,28,14,0	CMYK 26,17,47,0 CMYK 27,88,0,0 CMYK 49,3,100,0
CMYK 0,73,92,0 CMYK 8,0,65,0 CMYK 80,23,75,0	CMYK 25,99,37,0 CMYK 79,24,44,0 CMYK 4,26,82,0

○ 运动、轻快

CMYK 0,74,49,0 CMYK 10,0,83,0 CMYK 89,60,26,0	CMYK 0,52,58,0 CMYK 0,0,0,0 CMYK 87,59,0,0
CMYK 0,52,91,0 CMYK 4,0,28,0 CMYK 83,59,25,0	CMYK 25,71,100,0 CMYK 29,15,82,0 CMYK 83,59,25,0
CMYK 48,3,91,0 CMYK 0,74,49,0 CMYK 83,59,25,0	CMYK 83,59,25,0 CMYK 0,0,0,0 CMYK 45,9,23,0
CMYK 67,0,54,0 CMYK 10,0,83,0 CMYK 83,59,25,0	CMYK 77,23,100,0 CMYK 4,26,82,0 CMYK 83,59,25,0

○ 华丽、动感

CMYK 48,3,91,0 CMYK 0,0,0,0 CMYK 78,28,14,0	CMYK 29,15,94,0 CMYK 0,52,80,0 CMYK 74,90,1,0
CMYK 0,96,73,0 CMYK 92,90,2,0 CMYK 29,15,94,0	CMYK 100,89,7,0 CMYK 10,0,83,0 CMYK 0,73,92,0
CMYK 52,100,39,1 CMYK 4,25,89,0 CMYK 25,100,80,0	CMYK 4,26,82,0 CMYK 92,90,2,0 CMYK 0,96,73,0
CMYK 0,96,73,0 CMYK 89,60,26,0 CMYK 10,0,83,0	CMYK 4,25,89,0 CMYK 79,24,44,0 CMYK 26,91,42,0

○ 狂野、充沛

CMYK 52,100,39,1		CMYK 25,100,80,0	
CMYK 10,0,83,0		CMYK 0,0,0,100	
CMYK 100,89,7,0		CMYK 100,89,7,0	
CMYK 100,89,7,0		CMYK 25,92,83,0	
CMYK 10,0,83,0		CMYK 23,18,17,0	
CMYK 25,100,80,0		CMYK 100,91,47,9	
CMYK 25,100,80,0		CMYK 0,0,0,100	
CMYK 79,74,71,45		CMYK 49,3,100,0	
CMYK 29,15,94,0		CMYK 25,100,80,0	
CMYK 0,96,73,0		CMYK 52,100,39,0	
CMYK 79,74,71,45		CMYK 0,0,0,100	
CMYK 0,52,91,0		CMYK 80,23,75,0	
CMYK 67,59,56,6		CMYK 45,92,84,11	
CMYK 0,73,92,0		CMYK 29,15,94,0	
CMYK 79,74,71,45		CMYK 73,92,42,5	

○ 明快、明亮

CMYK 52,100,39,1		CMYK 4,26,82,0	
CMYK 4,25,89,0		CMYK 92,90,0,0	
CMYK 25,100,80,0		CMYK 0,96,73,0	
CMYK 70,63,23,0		CMYK 0,96,73,0	
CMYK 10,0,83,0		CMYK 89,60,26,0	
CMYK 0,96,73,0		CMYK 10,0,83,0	
CMYK 4,26,82,0		CMYK 0,96,73,0	
CMYK 79,24,44,0		CMYK 29,15,94,0	
CMYK 26,91,42,0		CMYK 89,60,26,0	
CMYK 29,15,94,0		CMYK 0,52,80,0	
CMYK 0,52,80,0		CMYK 10,0,83,0	
CMYK 74,90,0,0		CMYK 89,60,26,0	
CMYK 25,92,83,0		CMYK 100,89,7,0	
CMYK 0,29,14,0		CMYK 10,0,83,0	
CMYK 49,3,100,0		CMYK 0,73,92,0	

○ 俏皮、花哨

CMYK 7,0,49,0		CMYK 0,74,49,0	
CMYK 0,0,0,40		CMYK 0,0,0,0	
CMYK 0,53,0,0		CMYK 75,26,44,0	
CMYK 0,53,0,0		CMYK 60,0,52,0	
CMYK 100,89,7,0		CMYK 0,0,0,0	
CMYK 30,0,89,0		CMYK 26,72,17,0	
CMYK 27,88,0,0		CMYK 0,29,14,0	
CMYK 0,28,41,0		CMYK 0,0,0,0	
CMYK 0,74,49,0		CMYK 50,92,44,0	
CMYK 26,72,17,0		CMYK 26,72,17,0	
CMYK 10,0,83,0		CMYK 48,4,72,0	
CMYK 70,63,23,0		CMYK 73,92,42,5	
CMYK 21,79,0,0		CMYK 22,54,28,0	
CMYK 26,17,47,0		CMYK 0,34,50,0	
CMYK 73,92,42,5		CMYK 0,24,74,0	

○ 回味、优雅

CMYK 23,18,17,0		CMYK 0,29,14,0	
CMYK 26,47,0,0		CMYK 0,53,0,0	
CMYK 27,88,0,0		CMYK 24,21,0,0	
CMYK 27,88,0,0		CMYK 47,40,4,0	
CMYK 62,82,0,0		CMYK 4,0,28,0	
CMYK 26,47,0,0		CMYK 0,29,14,0	
CMYK 73,92,42,5		CMYK 0,54,29,0	
CMYK 23,18,17,0		CMYK 0,29,14,0	
CMYK 26,47,0,0		CMYK 0,53,0,0	
CMYK 49,67,56,2		CMYK 25,47,33,0	
CMYK 26,47,0,0		CMYK 23,18,17,0	
CMYK 0,29,14,0		CMYK 0,29,14,0	
CMYK 0,54,29,0		CMYK 50,68,19,0	
CMYK 50,68,19,0		CMYK 0,29,14,0	
CMYK 0,29,14,0		CMYK 26,47,0,0	

○ 自然、安稳

CMYK 29,14,86,0		CMYK 25,46,62,0	
CMYK 7,0,49,0		CMYK 28,16,69,0	
CMYK 26,45,87,0		CMYK 65,31,40,0	
CMYK 0,52,58,0		CMYK 28,16,69,0	
CMYK 47,64,100,6		CMYK 59,100,68,35	
CMYK 29,14,86,0		CMYK 25,71,100,0	
CMYK 29,14,86,0		CMYK 26,45,87,0	
CMYK 67,55,100,15		CMYK 79,24,44,0	
CMYK 24,21,0,0		CMYK 4,26,82,0	
CMYK 48,37,67,0		CMYK 46,6,50,0	
CMYK 26,17,47,0		CMYK 67,28,99,0	
CMYK 79,24,44,0		CMYK 82,51,100,15	
CMYK 67,55,100,15		CMYK 59,100,68,35	
CMYK 50,36,93,0		CMYK 26,45,87,0	
CMYK 25,46,62,0		CMYK 26,17,47,0	

○ 冷静、沉稳

CMYK 7,0,49,0		CMYK 47,65,91,6	
CMYK 46,6,50,0		CMYK 7,0,49,0	
CMYK 67,55,100,15		CMYK 48,4,72,0	
CMYK 88,49,100,15		CMYK 88,49,100,15	
CMYK 61,0,75,0		CMYK 28,16,69,0	
CMYK 27,0,51,0		CMYK 24,0,31,0	
CMYK 67,28,99,0		CMYK 67,55,100,15	
CMYK 29,14,86,0		CMYK 50,36,93,0	
CMYK 56,81,100,38		CMYK 25,46,62,0	
CMYK 89,65,100,54		CMYK 88,49,100,15	
CMYK 67,28,99,0		CMYK 56,81,100,38	
CMYK 26,17,47,0		CMYK 28,16,69,0	
CMYK 67,55,100,15		CMYK 88,49,100,15	
CMYK 7,0,49,0		CMYK 76,69,100,51	
CMYK 46,38,35,0		CMYK 26,17,47,0	

网页艺术设计

○ 温柔、优雅

CMYK 50,36,93,0	CMYK 25,46,62,0
CMYK 4,0,28,0	CMYK 67,59,56,6
CMYK 26,47,0,0	CMYK 25,47,33,0

CMYK 26,17,47,0	CMYK 26,17,47,0
CMYK 79,74,71,45	CMYK 67,59,56,6
CMYK 53,66,0,0	CMYK 25,47,33,0

CMYK 50,68,19,0	CMYK 25,46,62,0
CMYK 26,17,47,0	CMYK 46,38,35,0
CMYK 65,31,40,0	CMYK 67,59,56,6

CMYK 76,24,72,0	CMYK 73,92,42,5
CMYK 23,18,17,0	CMYK 46,38,35,0
CMYK 50,68,19,0	CMYK 24,21,0,0

CMYK 50,68,19,0	CMYK 26,17,47,0
CMYK 47,40,4,0	CMYK 46,38,35,0
CMYK 24,21,0,0	CMYK 56,81,100,38

○ 稳重、古典

CMYK 64,34,10,0	CMYK 45,100,78,12
CMYK 73,92,42,5	CMYK 29,0,69,0
CMYK 26,17,47,0	CMYK 0,52,91,0

CMYK 70,63,23,0	CMYK 56,81,100,38
CMYK 59,100,68,35	CMYK 0,52,91,0
CMYK 46,6,50,0	CMYK 8,0,65,0

CMYK 45,100,78,12	CMYK 59,100,68,35
CMYK 89,69,100,14	CMYK 50,36,93,0
CMYK 29,15,94,0	CMYK 77,100,0,0

CMYK 50,92,44,0	CMYK 47,64,100,6
CMYK 29,14,86,0	CMYK 28,16,69,0
CMYK 66,56,95,15	CMYK 66,56,95,15

CMYK 81,21,100,0	CMYK 66,56,95,15
CMYK 27,44,99,0	CMYK 29,14,86,0
CMYK 67,59,56,6	CMYK 26,91,42,0

○ 厚重、品位

CMYK 4,0,28,0	CMYK 83,55,59,8
CMYK 60,0,90,0	CMYK 47,65,91,6
CMYK 83,55,59,8	CMYK 29,14,86,0

CMYK 82,51,100,15	CMYK 92,92,42,9
CMYK 45,100,78,12	CMYK 65,31,40,0
CMYK 0,28,41,0	CMYK 47,64,100,6

CMYK 45,92,84,11	CMYK 83,55,59,8
CMYK 25,46,62,0	CMYK 26,17,47,0
CMYK 89,65,100,54	CMYK 92,92,42,9

CMYK 56,81,100,38	CMYK 73,92,42,5
CMYK 50,36,93,0	CMYK 67,59,56,6
CMYK 89,65,100,54	CMYK 92,92,42,9

CMYK 50,36,93,0	CMYK 92,92,42,9
CMYK 45,100,78,12	CMYK 45,100,78,12
CMYK 26,47,0,0	CMYK 23,18,17,0

○ 洁净、高雅

CMYK 23,18,17,0	CMYK 29,0,69,0
CMYK 0,0,0,0	CMYK 0,0,0,0
CMYK 70,63,23,0	CMYK 100,91,47,9

CMYK 43,12,0,0	CMYK 29,14,86,0
CMYK 0,0,0,0	CMYK 0,0,0,0
CMYK 83,59,25,0	CMYK 83,59,25,0

CMYK 74,34,0,0	CMYK 48,3,91,0
CMYK 4,0,28,0	CMYK 23,18,17,0
CMYK 70,63,23,0	CMYK 0,0,0,100

CMYK 23,18,17,0	CMYK 78,28,14,0
CMYK 100,91,47,9	CMYK 29,0,69,0
CMYK 43,12,0,0	CMYK 67,59,56,6

CMYK 74,31,12,0	CMYK 38,13,0,0
CMYK 100,91,47,9	CMYK 38,18,2,0
CMYK 23,18,17,0	CMYK 38,27,0,0

○ 简单、时尚

CMYK 43,12,0,0	CMYK 83,55,59,8
CMYK 0,17,46,0	CMYK 0,0,0,0
CMYK 67,59,56,6	CMYK 46,38,35,0

CMYK 78,28,14,0	CMYK 46,38,35,0
CMYK 0,0,0,0	CMYK 23,18,17,0
CMYK 67,59,56,6	CMYK 83,55,59,8

CMYK 23,18,17,0	CMYK 67,59,56,6
CMYK 46,38,35,0	CMYK 23,18,17,0
CMYK 73,92,42,5	CMYK 64,34,10,0

CMYK 46,38,35,0	CMYK 65,31,40,0
CMYK 0,0,0,0	CMYK 23,18,17,0
CMYK 92,92,42,9	CMYK 67,59,56,6

CMYK 46,38,35,0	CMYK 46,38,35,0
CMYK 23,18,17,0	CMYK 23,18,17,0
CMYK 0,0,0,100	CMYK 0,0,0,0

○ 简洁、进步

CMYK 92,92,42,9	CMYK 46,38,35,0
CMYK 48,3,91,0	CMYK 100,91,47,9
CMYK 83,59,25,0	CMYK 65,31,40,0

CMYK 100,89,7,0	CMYK 50,36,93,0
CMYK 27,0,51,0	CMYK 83,59,25,0
CMYK 79,74,71,45	CMYK 79,74,71,45

CMYK 67,59,56,6	CMYK 46,38,35,0
CMYK 48,3,91,0	CMYK 83,59,25,0
CMYK 100,91,47,9	CMYK 79,74,71,45

CMYK 83,60,0,0	CMYK 64,34,10,0
CMYK 28,16,69,0	CMYK 89,60,26,0
CMYK 79,74,71,45	CMYK 0,0,0,100

CMYK 100,91,47,9	CMYK 0,0,0,100
CMYK 23,18,17,0	CMYK 46,38,35,0
CMYK 89,60,26,0	CMYK 100,91,47,9